（ 如何從副食品邁向學齡 ）

長高、長好不長胖的
95道料理

親子共享料理
養出不挑食的孩子

作者——**AOI** YT 23萬追蹤的營養師・日本60間幼稚園餐點設計者
翻譯—— 李亞妮

在家安心煮，零廚藝OK！

前言

我是托兒所的營養師，

至今已烹調過許多孩子的餐點。

我想先告訴正在煩惱孩子膳食的家長們最重要的一件事，

「孩子對餐點的喜好或偏食和廚藝是否精湛沒有關係」。

只要下一點工夫，便能馬上做出讓孩子開心吃光光的料理，

★ 如同P.6所說的，一開始請先留意翻炒時間的長短。

本書還有寫到許多能讓孩子輕鬆入口的

食材切法、炒法等步驟與訣竅。

雖然建議翻炒時間可以拉長，但畢竟只是參考值，

如果食材的軟硬度讓孩子可以輕鬆咀嚼，把翻炒時間縮短也沒關係，

請各位依照自家狀況自行調整。

我還會介紹許多可做成常備菜的料理，

★★ 忙碌的時候只要加熱即可上桌，請各位多加活用。

而本書的料理調味量，

連大人和高齡長者也適合享用。

只要重複食用，味覺會跟著改變，

會覺得清淡料理也很好吃。

大家好！
我是AOI！

只要大人跟著吃減鹽料理，

★★★ 大人和小孩的餐點就不需要分開製作。

但願此書能為每個忙碌的家庭

帶來更多的笑容。

本書使用說明

料理名稱

過敏原標示

膳食內有使用特定原料（蛋、乳製品、小麥、蝦），會在此標示出來。

MEMO

材料和烹調程序上的注意事項和秘訣會記錄在此。

常備菜

可以做成常備菜的食譜，會在這裡備註保存方法。

材料

基本上以「2個大人＋1個小孩的份量」為主。
1歲半～2歲是總量的1/6；3～5歲是總量的1/5為基準值。
不過每個孩子的食量不同，請觀察孩子的狀況調整份量。

POINT

製作孩子膳食時的料理重點會搭配照片介紹。

- 本書是針對1歲半～5歲的孩子所製作的食譜。每個孩子可食用的食材大小、軟硬度和份量均有所差異，請觀察孩子的狀況作調整。
- 可能會誘發食物過敏時，請先諮詢醫師，再開始烹調。
- 材料的標記：1杯＝200ml（200cc）、1大匙＝15ml（15cc）、1小匙＝5ml（5cc）。
- 「洗菜」、「剝皮」、「去蒂」之類的基本事前準備的部分，就不在此說明。

- 食譜內雖然有記載基本的份量和烹調時間，但各季節食材和烹調器具皆有所差異，請依照現有狀況作調整。
- 使用微波爐加熱時，請以500W為基準。若使用600W來加熱，加熱時間請以基準值的0.8倍作調整。
- 此書使用1000W的小烤箱進行烘烤。市面上有些小烤箱無法調整溫度，不同機種皆有所差異，請依照現有狀況作調整。

CONTENTS

1章 肉．魚的主菜

2章 野菜滿滿的配菜

3章 飯、麵、麵包 的主食

孩子的膳食 9 項重點

大家都希望孩子能每天開心吃著營養滿分的膳食吧？
在此為各位介紹做出營養好吃的小重點。

POINT 1
均衡攝取3種營養素

為了讓孩子攝取均衡的營養，每餐都要具備以下
三大種類的食物。

碳水化合物（主食）米飯、麵條、麵包等食
物，是提供身體和腦部能量的來源。
蛋白質（主菜）這是構成肌肉、皮膚和內臟
的食材。最好在一個星期內能均衡攝取肉、
魚、豆製品、蛋。
維他命、礦物質（配菜、湯品）可增強免疫
功能，是人體機能不可或缺的營養，需透過食
用大量的蔬菜、根莖類、海藻和菇類獲得。

除了上述的食物外，每天再攝取1～2次牛奶、乳
製品和水果。幼兒期的孩子只靠三餐攝取的營養
素會不夠，不足的營養素必須用點心來補充。

POINT 2
深色與淺色蔬菜

蔬菜分成深色與淺色，兩者所含的營養素特色
不同，採買時儘量兩種都買齊。不是以蔬菜的
外表作為深淺色的區別，而是以蔬菜切開來的
剖面顏色來看會比較好記：顏色偏深的是深色
蔬菜；偏白的則是淺色蔬菜。大蔥的綠色部分
和白蘿蔔葉也是深色蔬菜，不要丟掉，要有效
利用。

POINT 3
充分翻炒蔬菜

即使是同一道菜，也會因翻炒的時間長短而改
變味道。充分翻炒過的蔬菜，會濃縮蔬菜的鮮
甜，並能減少某些蔬菜的嗆辣和苦味，即使只加
少許調味料，味道也能很香醇，蔬菜也變得容易
入口。蔬菜要炒熟至孩子能用叉子輕鬆插入的軟
硬度為準。

POINT 4
料理減少鹽份

孩子的味覺比大人還要敏感二倍以上。只要
用大人吃的一半濃度來調味即可。1歲到5
歲的幼兒都是相同作法。幼兒若常常攝取過
多的鹽份，會變得只愛吃重口味的食物，對
內臟會造成負擔並帶來不好的影響。而且重
鹹的食物，不用仔細咀嚼便能嘗到味道，吃
得太快也是造成肥胖的原因。少鹽的膳食還
能預防高血壓，也很適合大人食用。吃習慣
後，會覺得清淡食物也很美味喔！

POINT 5
按照「糖→鹽→醋→醬油→味噌」的順序調味

糖能帶出食材的甜味、還能使食材變軟嫩，調味時要先加。若先加鹽，分子細小的鹽會先滲入食材內部，甜味便很難滲透進去，蔬菜也不會變軟。醬油和味噌則是在最後增添風味和香氣時才加入。

POINT 6
給孩子吃之前先剪碎食物

此書食譜內食材的切法，都是針對3～5歲幼兒的適口大小。1～2歲幼兒的膳食，請在料理完成後，用食物剪刀剪成一半～四等分的大小。在托兒所做好的料理，也是配合年齡剪出適口大小後才上桌。

POINT 7
用深盤盛裝食物

「不好食用」也是孩子不肯吃飯的原因之一。給1～2歲幼兒吃的料理，請用深盤盛裝。盤子的邊緣夠深，方便撈起食物，也容易入口。會用筷子的3～5歲幼兒，即使用平盤盛裝食物也沒關係。

POINT 8
以脫脂奶粉取代牛奶

脫脂奶粉的脂肪比牛奶少，還有豐富的蛋白質和鈣質。取代牛奶加入料理中，來補充易攝取不足的營養素吧。而且脫脂奶粉易於保存，放在家裡當常備品也很方便。

POINT 9
使用昆布高湯做菜

昆布所含有的鮮味成分「麩胺酸」，是「母乳」內含有的胺基酸之一。也就是說，使用昆布高湯做出的燉菜和味噌湯，是孩子先天就愛的味道。可以多多運用在料理上。

昆布高湯的作法　材料（好做的份量）
水…3杯
昆布、柴魚片…各6g

① 將切成2～3等分的昆布放進濾網勺，和水一起放入鍋內（儘量維持這個狀態30分鐘）。開小火，直到快煮沸前取出昆布，並轉大火煮滾。

② 將柴魚片放入濾網勺內，放進①，關火狀態下浸泡3分鐘後取出。

孩子不肯吃飯，怎麼辦？

孩子本來就不太容易專心吃飯，
這時營造出讓他們能開心用餐的氣氛很重要！

1 製造「肚子餓」的狀況

為了讓孩子感受到適度的空腹感，用餐時間至少要間隔2小時半，在等不及吃晚餐前，是補充營養的機會。青花菜、飯糰和奶油地瓜燒，可以當作晚餐一部分的蔬菜給孩子當點心。這時已有補充到營養，即使孩子晚餐吃不太下也不用擔心。

2 打造專心吃飯的環境

打造專心吃飯的環境很重要。升上國小前，將身體保持平衡並同時進食，同時進行二種動作對孩子而言是很困難的事情。椅子的高度必須要在讓腳底板完整貼地，腳踝和膝蓋能保持90度彎曲的位置；而桌子的高度，要調整到胸口與肚臍之間。如果在用餐時，面前擺著玩具或開著電視，孩子很難專心吃飯，用餐時請讓全家待在能專心吃飯的地方。

3 重複做一樣的菜

孩子會挑食，其實是因為不知道第一次看到的東西和食物是否安全，是與生俱來的防衛機制在運作。即便孩子不吃，只要重複端出同樣的食材（料理），讓孩子知道「這個沒問題，可以吃」這件事很重要。多讓孩子看幾次，讓他們理解這是安全的，便能讓他們安心吃下肚。孩子不吃的菜，反而要更積極地做給他們吃。

4 嘗試用便當盒裝菜

即使料理的菜色不變，光是改變盛裝的容器就能引起孩子的興趣把料理吃下。試試把料理用便當盒裝起來，在家鋪上野餐墊和帶上水壺，假裝在野餐的樣子吧！在托兒所也有好幾次使用這個便當盒的招式，成功讓孩子吃完料理的案例。

5 多稱讚孩子

沒問題，別擔心！

稱讚孩子可以提升他們的自我肯定感，對吃飯這件事感到愉快，進而激發孩子想要進食的欲望。雖然看到孩子邊吃邊玩時，家長常常很忍不住動怒，但其實邊吃邊玩是孩子重要的成長過程之一，這是孩子對眼前的食物有興趣的行為。請對他們對食物有興趣的事給予稱讚，並溫柔堅定的守護孩子成長。

不同年齡層的膳食建議！

每餐要達到營養均衡非常困難。就讓我們以一天三餐包含點心為單位來調整。
如果是因為外食無法攝取蔬菜時，只要以一星期為單位來取得平衡即可。

1歲半～2歲

以孩子主動進食為優先

此時正值想自己拿湯匙和叉子進食的時期。將食材烹調成湯匙好舀、叉子又能輕鬆叉入，軟硬適中的大小。

以大人餐點的半份為基準

1～2歲幼兒一天所需的熱量大約是900～950kcal。份量大約是大人餐點的一半。以一天三餐＋2餐點心來補充熱量。

一餐膳食的基準量是本書食譜的 1/6

例）主食：白飯
　　　　（兒童碗1碗約90g）
　　主菜：滷魚（約1/3塊）
　　配菜：菠菜鮪魚沙拉
　　　　　（約40g）
　　湯品：豬肉蔬菜味噌湯
　　　　　（約1/2杯）

3～5歲

可教孩子拿筷子和用餐禮儀

此時可以教孩子拿筷子的方式和用餐禮儀。把煎蛋卷切大塊一點，讓孩子能練習用筷子夾斷食材。但也別讓孩子練習得太累，適時給予叉子來輔助。

一天吃一次點心

3～5歲的幼兒，一天所需的熱量大約是1250～1300kcal。份量大約是大人餐點的一半再多一點。以一天三餐＋1餐點心來補充熱量。

一餐膳食的基準量是本書食譜的 1/5

例）主食：白飯
　　　　（兒童碗1碗多一點約110g）
　　主菜：滷魚（約1/2塊）
　　配菜：菠菜鮪魚沙拉（約50g）
　　湯品：豬肉蔬菜味噌湯
　　　　　（約120ml）

※膳食份量會依孩子的體格和運動量多寡而有所變動，上述表格僅當作參考值。
※本書中一天所需的熱量，是以2020年版日本人的膳食攝取基準（厚生勞動省）為參考值。

要想每天的菜單很麻煩吧？本章要介紹給各位家長，
在書中可以直接模仿、營養均衡，孩子又愛吃的餐點組合！

主食是米飯

如果孩子不想吃純白米飯，建議添加能攝取鈣質的手作香鬆、或是能攝取蛋白質、維生素和礦物質的納豆。

米飯菜單 **1**

☐ 香鬆飯糰（P.99）

☐ 馬鈴薯燉肉（P.32）

☐ 蘿蔔乾絲美乃滋沙拉（P.84）

☐ 高麗菜玉米味噌湯（P.89）

與主菜不同調味的配菜互相搭配，味道上更有協調性。馬鈴薯燉肉的口感較軟嫩，選擇較有嚼勁的配菜來搭配。

米飯菜單 **2**

☐ 納豆黃瓜拌飯（P.100）

☐ 關東煮（P.50）

☐ 青花菜沙拉（P.63）

吃關東煮的時候，蛋白質容易攝取不足，建議加上可補充蛋白質的納豆。而配菜就選擇冰涼清爽的涼拌小菜。

☐ 鮭魚南蠻漬（P.40）

☐ 糖煮地瓜（P.69）

☐ 紅蘿蔔蛋花湯（P.89）

☐ 白飯

主菜加了醋調成清爽的味道，搭配上濃郁溫潤的配菜，可提升用餐時的滿足感。

米飯菜單 **3**

☐ 咖哩飯（P.94）

☐ 鹿尾菜美乃滋沙拉（P.58）

一盤咖哩飯，就能攝取到碳水化合物、蛋白質、維生素和礦物質，因此只要加一道配菜即可。如果再追加湯品，容易攝取過多的鹽份，所以這份菜單不安排湯品。

米飯菜單 **4**

☐ 滷魚（P.46）

☐ 菠菜鮪魚沙拉（P.56）

☐ 豬肉蔬菜味噌湯（P.88）

☐ 白飯

如果感覺主菜和配菜的蔬菜攝取依然不足，可以用料很多的湯品來做調整。主菜吃起來偏軟嫩的話，配菜或湯可以用咬起來爽脆的食材來做搭配。

米飯菜單 **5**

推薦菜單 組合範例－2

主食是麵包

麵包本身已含有鹽份，要注意菜單整體的鹽份不要攝取過多。

米飯菜單 1

- ☐ 黃豆炒豬肉 （P.34）
- ☐ 馬鈴薯沙拉 （P.66）
- ☐ 吐司

黃豆炒豬肉和麵包、白飯都很對味。多點滷汁就能做成主菜＋湯品；滷汁少一點還可做成濃湯，可以做出各種變化。

米飯菜單 2

- ☐ 烤旗魚佐番茄醬 （P.49）
- ☐ 義大利麵沙拉 （P.72）
- ☐ 玉米濃湯 （P.90）
- ☐ 奶油麵包卷

注意主、配菜食用起來的難易度搭配，配菜如果是較鬆散不成塊的料理，主菜則搭配可用叉子或筷子能輕易撈起的料理會比較OK。和主、配菜都很難食用的菜單比起來，這麼安排較易使孩子維持用餐的專注力。

□ 高麗菜卷 (P.39)

□ 涼拌番茄鴻禧菇 (P.59)

□ 奶油麵包卷

高麗菜卷連同滷汁一起吃的話，就能扮演主菜和湯品兩種角色。再來準備主食的麵包和簡單的蔬菜配菜便大功告成。

米飯菜單 3

□ 法式吐司 (P.113)

□ 蔬菜燉湯 (P.91)

這是適合當早餐的菜單。身體在睡眠時，體溫會下降，早上吃點熱熱的東西來暖暖身子吧！法式吐司可以事先做好冷凍備著，只要稍微熱一下，即使是忙碌的早晨，也能輕鬆攝取碳水化合物和蛋白質。

米飯菜單 4

□ 焗烤雞胸 (P.30)

□ 芝麻醬沙拉 (P.71)

□ 紅蘿蔔柳橙果凍 (P.118)

□ 吐司

甜點可以用水果來取代，但倘若膳食中無法攝取足夠的蔬菜時，建議加入混入蔬菜的果凍。只要將蔬菜混入點心裡，許多孩子都會乖乖吃下肚，適合給不愛吃蔬菜的孩子食用。

米飯菜單 5

忙碌的日子

30分鐘便能做好的菜單、一道營養均衡的主食、活用常備菜的菜單,在忙碌的日子裡能派上用場的營養菜單組合。

- ☐ 肉醬義大利麵 (P.18)
- ☐ 高麗菜黃豆沙拉 (P.73)

將事先做好冷凍備用的肉醬加熱,再煮麵就可上桌。最後再準備配菜便大功告成。由於義大利麵的咀嚼次數容易咬得比較少,選擇需要充分咀嚼的黃豆當配菜。

- ☐ 中華丼 (P.103)
- ☐ 餛飩湯 (P.92)

一道丼飯便能攝取碳水化合物、蛋白質、維生素和礦物質,是托兒所也很常做的一道料理。不管是什麼蔬菜都能拿來做中華丼,可以用冰箱裡剩下的蔬菜來加以變化。

- ☐ 馬鈴薯烤雞 (P.24)
- ☐ 什錦牛蒡 (P.77)
- ☐ 高麗菜玉米味噌湯 (P.89)
- ☐ 白飯

有時間可以先把主菜和配菜先做起來當冷凍常備菜。接下來只要煮味噌湯便可上桌的省時料理。平時蔬菜易攝取不足,此時便是有滿滿蔬菜的什錦牛蒡大顯身手的時候。

1 章

肉、魚
的主菜

主菜——主要是讓身體攝取蛋白質的一道料理。

肉和魚都要均衡攝取喔！

就連孩子最怕的豬肝，本書也有在托兒所大受歡迎、

常常爭奪美味寶座的豬肝食譜。

請各位試作看看！

烹調肉、魚的 7 項重點

每天的主菜主角肉、魚,是身體攝取蛋白質的來源。
只要軟硬度和濕潤度控制得宜,便能讓孩子大口吃下肚。

食材裹麵粉

在食材表面裹上薄薄的麵粉再烹調。
食材外頭上了一層保護膜,能把鮮味
和水分鎖在裡面,可預防肉質變老變
柴。肉質變得軟嫩,調味料也容易入
味,即使味道清淡也很好吃。

豬肉切成小塊

豬肉比雞肉還要難咬斷,把豬
肉切成1～2cm的大小吧。3歲
半以後的幼兒,則切成3cm大
即可。雞皮對1～2歲的幼兒而
言,比較難咬斷,必須先去皮
再來料理。

蔬菜拌進絞肉裡

絞肉裡殘留些許腥味,是導致孩
子不肯吃飯的原因。建議在絞肉
裡加入炒熟的洋蔥,以及大約為
絞肉半份左右的切碎蔬菜。不僅
能消除肉腥味,料理還會變得更
有風味,口感也更佳。

使用新鮮的魚

幼兒期的消化、吸收系統和免疫功能正處於發展階段，抵抗力比大人還弱。因此也比大人更容易食物中毒或誘發過敏。儘量使用新鮮的魚來烹調。

用市售軟管包裝的薑泥、蒜泥也OK

1歲後的幼兒，可在料理內加一些薑蒜來增添風味。本書的食譜也有使用薑蒜，用簡便的軟管調味料也OK。不過軟管的薑泥比現榨的薑還要辛辣，只用食譜一半的份量即可。

用170℃的油溫來油炸

如果太在意炸物一定要炸得酥脆，炸物表面會變硬，還帶有苦味，讓孩子不好入口。適合孩子吃的炸物，油炸的油溫不可以過高，170℃的中溫是最佳溫度。

活用烤箱&小烤箱

用平底鍋烹煮食材，容易只有表面煮熟，若要讓內部熟透，食材的表面會變硬。烤箱內部的熱氣，可讓食材整體慢慢烤熟，可做出孩子能輕鬆咬斷的軟硬度。此外，也不用在意火候，也不需要翻面，烹煮起來也很輕鬆。本書中的食材也很適合用小烤箱烹調，會比用平底鍋還不容易變硬，若要用平底鍋烹調料理，則用小火慢慢煮熟食材。

教學示範看這裡

1位 # 肉醬義大利麵 乳製品 小麥

在 YouTube 上也很受歡迎的食譜。關鍵是加入比肉多 1.5 倍的蔬菜，不僅營養又易入口。

(材料)（2個大人＋1個小孩的份量）

乾義大利麵…230g
豬絞肉…120g
紅蘿蔔…1/3個 (60g)
洋蔥…1/2顆 (120g)
油…1/2大匙
麵粉…1又1/3大匙
水…180ml

A| 番茄醬…5又1/2大匙
　| 中濃醬…2小匙
　| 鹽、胡椒…各少許
起司粉…2大匙

(作法)

1　煮沸一鍋熱水，將義大利麵折成3等分加入，水煮時間比包裝袋
　　上所寫的再多3分鐘。煮好後用濾網勺撈起，另外準備少許油淋
　　上（份量外）拌勻。

2　將紅蘿蔔和洋蔥切成碎末。

3　平底鍋倒入油以中火熱鍋，將**2**翻炒約5分鐘。轉小火再翻炒約
　　10分鐘。倒入絞肉炒散至顏色變白後關火，加入麵粉攪拌。拌至
　　看不見麵粉後再開小火，倒水入鍋，邊拌邊煮出濃稠度。

4　加入**A**，不時翻炒，以小火燉煮約15分鐘。淋在已盛盤的**1**上
　　面，最後撒上起司粉。

> 這道料理的鹽份很多，熱水裡不用再加鹽。

> 充分翻炒過蔬菜，可做出香甜濃郁的肉醬。

POINT

義大利麵折成三等分再水煮，孩子會比較好入口。

可做成常備菜！
冷凍可放2週
（只有肉醬）

放入保鮮袋內冷凍保存。要吃時再微波至半解凍，改倒入鍋內加熱。

教學示範看這裡

酥炸豬肝

這道熱門菜色,每年都會榮登托兒所幼兒在畢業前還「想再吃一次」的料理排行榜。甜甜鹹鹹的醬汁讓人意猶未盡。

(材料) (2個大人＋1個小孩的份量)

豬肝…250g

A 酒、醬油…各1/2小匙
　　麻油…1/3小匙
　　薑汁…少許

太白粉…4大匙
油…適量

醬汁

　青椒…1個 (40g)
　麻油…1/2小匙

　B 水…40ml
　　　酒…2小匙
　　　糖、醬油…各1/2大匙

(作法)

1　充分洗淨豬肝,血水洗淨後用濾網勺撈起,瀝乾水分。把**A**倒入保鮮袋內,加入豬肝,隔著袋子揉勻,冷藏約15分鐘入味備用。把青椒切成1cm的四方塊狀。

2　製作醬汁。取一只小平底鍋,倒入麻油以中火熱鍋,翻炒青椒約3分鐘。倒入**B**轉小火,再煮約3分鐘。

3　用濾網勺撈起**1**的豬肝,瀝掉醃汁。將油加熱至中溫(約170℃),豬肝沾滿太白粉後,油炸約5分鐘。盛盤後,淋上**2**。

油溫過高,油易噴濺,油炸時務必要小心。

POINT　用大量的清水搓洗豬肝,再用流水浸泡約30分鐘,洗淨血水。去除豬肝獨特的腥味,會比較好入口。

教學示範看這裡

 3位 # 唐揚雞塊

簡單調味大受歡迎！留意雞塊炸太久會變硬，炸至外皮呈現淡金黃色即可。

（ 材 料 ）（2個大人＋1個小孩的份量）

雞腿肉…1片（250g）
A 醬油…2小匙
　　薑汁…1/2小匙
太白粉…3大匙
油…適量

（ 作 法 ）

1 把雞肉切成1塊約20g的大小。

2 把**A**倒入保鮮袋內，加入**1**揉勻，冷藏醃入味15分鐘。

3 把油加熱至中溫（約170℃），把**2**裹上太白粉後，放入油炸，一邊翻面邊油炸約5分鐘。

如果是買專門做唐揚雞的雞塊，則對半切開。

雞肉全部一起裹太白粉，會變得黏黏的。必須一塊一塊裹粉。

可做成常備菜！

冷凍可放2週

用保鮮膜包覆，放入保鮮袋內冷凍保存。要吃時用微波半解凍後，再用小烤箱回烤。

教學示範看這裡

👑 4位 麻婆豆腐

不加辣的麻婆豆腐。加入紅蘿蔔，做出能確實攝取維生素的一道菜。

(材料)

(2個大人＋1個小孩的份量)

板豆腐…240g
豬絞肉…70g
紅蘿蔔…1/6條 (30g)
日本大蔥…1/2根 (50g)
麻油…1大匙

A | 水…250ml
  | 糖、醬油…各2小匙
  | 味噌…1/2大匙
  | 鹽…少許

太白粉…1大匙

(作法)

1　把紅蘿蔔、日本大蔥切成碎末，和 A 混合好備用。

2　麻油倒入平底鍋內，開小火熱鍋，把 1 的蔬菜翻炒約7分鐘。倒入絞肉炒散至顏色變白後加入 A，再煮約10分鐘。

3　豆腐切成1.5cm的塊狀。起鍋煮沸熱水，放入豆腐，煮約3分鐘待豆腐浮起，用濾網勺撈起。

4　把豆腐倒進 2 內，讓醬汁沾附在豆腐上，用小火燉煮約5分鐘。關火，倒入和太白粉等量的水（額外份量）拌勻的太白粉水攪拌。再開小火，煮約2分鐘煮出濃稠度。

蔬菜必須長時間燉煮才可煮軟，所以使用不易燉爛的板豆腐，並事先汆燙備用。

教學示範看這裡

影片中以鱈魚示範

5位 塔塔醬鮭魚

加入大量蔬菜，淋上不加水煮蛋的簡單塔塔醬進烤箱烘烤，烤出香酥的口感。

(材 料)

(2個大人＋1個小孩的份量)

生鮭魚…2又1/2片
鹽、胡椒…各少許
塔塔醬
　　紅蘿蔔…1/5條 (40g)
　　洋蔥…1/6顆 (30g)
　　油…1又1/3小匙
　A　美乃滋…1又2/3大匙
　　　洋香菜葉…適量

(作 法)

1　鮭魚去骨挑刺，1～2歲幼兒食用時，把1片魚切成3等分；3～5歲幼兒食用則切對半。兩面撒上鹽和胡椒，冷藏醃15分鐘左右。把紅蘿蔔和洋蔥切成碎末。

2　製作塔塔醬。倒油至平底鍋開小火加熱，倒入紅蘿蔔和洋蔥翻炒約10分鐘後取出。散熱後加入A拌勻。

3　把鮭魚放在已鋪好烘焙紙的烤盤上，用預熱至200℃的烤箱烤約10分鐘（小烤箱也一樣烤約10分鐘）。暫時取出鮭魚，把塔塔醬平均盛在鮭魚上，再烤約5分鐘（小烤箱也一樣烤約5分鐘）。

用小火充分翻炒洋蔥，可去除特有的嗆辣味，並帶出洋蔥的甜味。

23

馬鈴薯烤雞 蛋

外酥內嫩。要注意高溫烘烤容易烤焦。

（材料）

（2個大人＋1個小孩的份量）

雞腿肉…1片（250g）
鹽、胡椒…各少許
美乃滋…3大匙
乾燥馬鈴薯碎塊…20g

（作法）

1　把雞肉切成1塊約20g的大小，撒上鹽和胡椒揉勻。沾滿美乃滋後，在乾燥馬鈴薯碎塊上輕輕按壓，裹滿整塊雞肉。

2　並排在已鋪好烘焙紙的烤盤上，用已預熱至180℃的烤箱烤約30分鐘（小烤箱烤約20分鐘）。

可做成常備菜！

冷凍可放2週

用保鮮膜包覆，放入保鮮袋內冷凍保存。要吃時用微波半解凍後，再用小烤箱回烤。

5位 # 印度烤雞 乳製品

不辣的印度烤雞。因為事先用優格揉捏醃漬，雞肉才能烤得特別軟嫩。

(材料)

（2個大人＋1個小孩的份量）

雞腿肉…1片（250g）
A│原味優格（無糖）…2又1/2大匙
│番茄醬…1大匙
│咖哩粉…1/3小匙
│紅甜椒粉、鹽、蒜泥、薑汁…各少許

POINT

※對乳製品過敏的孩子，可改用同等份量的無調
整豆乳取代優格加入。

(作 法)

1 把雞肉切成1塊約20g的大小。

2 把A倒入保鮮袋內，再把1倒入揉勻，冷藏醃漬約
30分鐘。

3 排列在已鋪好烘焙紙的烤盤上，放進已預熱至
200℃的烤箱內烤約20分鐘（小烤箱也一樣烤約
20分鐘）。

可做成常備菜！ 用保鮮膜包覆，放入保
鮮袋內冷凍保存。要吃
冷凍可放2週 時用微波爐加熱即可。

芝麻味噌烤雞

味噌的味道十分受孩子喜愛。如果雞肉看起來快烤焦，可在烘烤中途加蓋鋁箔紙。

(材料) (2個大人＋1個小孩的份量)

雞腿肉…1片 (250g)
A| 味噌…1小匙多一點
  糖…1又1/3小匙
  味醂…1小匙
  醬油…1/2小匙
白芝麻粒…1又1/2大匙

(作法)

1　把雞肉切成1塊約20g的大小。

2　把A倒入保鮮袋內，再把1倒入揉勻，冷藏醃漬約15分鐘。再加入白芝麻拌勻。

3　排列在已鋪好烘焙紙的烤盤上，放進已預熱至200℃的烤箱內烤約20分鐘（小烤箱也一樣烤約20分鐘）。

可做成常備菜！
冷凍可放2週

用保鮮膜包覆，放入保鮮袋內冷凍保存。要吃時用微波爐加熱即可。

教學示範看這裡

26

橘醬燉雞 小麥

橘子果醬讓雞肉看起來油油亮亮的，還帶有濃郁的香味。給 3 歲以上的孩子吃，也可做成炸雞翅。

(材料)（2個大人＋1個小孩的份量）

雞腿肉…1片（250g）
麵粉…1又1/2大匙
A 水…20ml
　蒜泥…1/2小匙
　橘子果醬…2又1/2大匙
　酒…1/2大匙
　醬油…1/2大匙

(作法)

1 把雞肉切成1塊約20g的大小，裹上一層薄薄的麵粉。

2 排列在已鋪好烘焙紙的烤盤上，放進已預熱至200°C的烤箱烤約10分鐘（小烤箱也一樣烤約10分鐘）。

3 另起一鍋把A倒入煮滾，加入2，邊翻面以小火煮約10分鐘，邊把滷汁淋在雞肉上燉煮。

可做成常備菜！
冷凍可放2週
用保鮮膜包覆，放入保鮮袋內冷凍保存。要吃時用微波爐加熱即可。

教學示範看這裡

薑燒雞腿

大人小孩都喜歡的薑燒口味，甜甜鹹鹹的味道非常下飯。

(材料) (2個大人＋1個小孩的份量)

雞腿肉…1片 (250g)

A 醬油、味醂…各1/2大匙
　 薑汁…1/2小匙

(作法)

1 把雞肉切成1塊約20g的大小。

2 把A倒入保鮮袋內，再把1倒入揉勻，冷藏醃漬15分鐘以上。

3 排列在已鋪好烘焙紙的烤盤上，放進已預熱至200℃的烤箱烤約15分鐘（小烤箱也一樣烤約15分鐘）。

可做成常備菜！

冷凍可放2週

用保鮮膜包覆，放入保鮮袋內冷凍保存。要吃時用微波爐加熱即可。

教學示範看這裡

本影片中使用豬肉示範

醋溜燉雞 蛋（鵪鶉） 小麥

加醋讓雞肉煮得更軟嫩。帶有清爽的餘味是這道菜受歡迎的秘密。

〔材料〕（2個大人＋1個小孩的份量）

雞腿肉…1片（250g）
麵粉…1又1/3大匙
鵪鶉蛋（水煮）…5顆
A｜水…120ml
　｜糖…1/2大匙
　｜醋…1/2小匙
　｜醬油…1/2大匙
　｜酒…1/2小匙
　｜生薑汁…1/2小匙

〔作法〕

1 把雞肉切成1塊約20g的大小，裹上一層薄薄的麵粉。

2 排列在已鋪好烘焙紙的烤盤上，放進已預熱至200℃的烤箱烤約10分鐘（小烤箱也一樣烤約10分鐘）。

3 另起一鍋把A煮滾，把2和鵪鶉蛋倒入鍋內邊翻拌邊用中火燉煮約5分鐘。轉小火，邊淋上滷汁邊煮約3分鐘。

4 把鵪鶉蛋切成4等分（預防噎到），盛盤。

可做成常備菜！

冷凍可放2週

除了鵪鶉蛋之外，其餘食材用保鮮膜包覆，放入保鮮袋內冷凍保存。要吃時用微波爐加熱即可。

教學示範看這裡

焗烤雞胸 乳製品 小麥

食材和醬汁一鍋就搞定，非常簡單！脫脂奶粉不僅能減少脂肪攝取，還能補充鈣質。

(材 料) (2個大人＋1個小孩的份量)

雞腿肉（去皮）…130g
洋蔥…2/3顆（140g）
乾通心粉…30g
無鹽奶油…15g
麵粉…1又2/3大匙

A| 脫脂奶粉…4大匙
 | 溫水…1杯
B| 雞湯粉、鹽…各少許
C| 麵包粉…1又2/3大匙
 | 起司粉…1大匙少一點點
洋香菜葉…適量

(作 法)

1 雞肉切成1cm塊狀。洋蔥橫向剖半，再縱向切成2mm寬的薄片。
  通心粉按照包裝袋上的指示煮熟（不加鹽），用濾網勺撈起。A
  和C個別拌勻備用。

2 奶油倒入鍋內以小火熱鍋，倒入洋蔥翻炒約15分鐘。加入雞肉，
  待表面顏色變白後關火，撒進麵粉，讓雞肉沾滿麵粉。翻拌至看
  不見粉末後再開小火，把A分3次倒入，每加一次都要拌勻再加
  下一次。煮出濃稠度後關火，把通心粉和B加入拌勻。

3 倒入耐熱容器內，撒上C，放進已預熱至200℃的烤箱烤約10分
  鐘（小烤箱也一樣烤約10分鐘）。最後撒上洋香菜葉。

> 洋蔥以小火慢炒，可以避免煮焦，做出純白的白醬。

> 麵粉遇熱容易結塊，要關火後再加入。

可做成常備菜！

冷凍可放2週

做到步驟2為止，裝入鋁箔碗內，用保鮮膜蓋起放保存容器內冷凍保存。要吃時在表面撒上麵包粉和起司粉，直接放進小烤箱內烘烤。

教學示範看這裡

馬鈴薯燉肉

為了煮出軟嫩的口感，方法是拉長加熱的時間。建議使用久煮不會化開的五月皇后馬鈴薯。

(材料) (2個大人＋1個小孩的份量)

馬鈴薯 (五月皇后) …1又1/2顆 (230g)
紅蘿蔔…1/3條 (70g)
洋蔥…1/3個 (70g)
豬腿肉薄片…90g
蒟蒻絲…50g
青豆仁 (冷凍) …1大匙
油…1大匙
A｜高湯…1又1/4杯
　｜糖…1大匙
醬油…1大匙少一點

(作 法)

1　馬鈴薯切成2cm寬的扇形，泡水5分鐘後，瀝乾水分。紅蘿蔔切成4等分，再隨意切成小塊狀。洋蔥橫向剖半後，縱向切成5mm寬的薄片。

2　豬肉片切成1cm寬。蒟蒻絲切成2cm寬，汆燙1分鐘後瀝乾水分。青豆仁也用熱水煮約1分鐘後瀝乾水分。

3　油下鍋以小火熱鍋，把紅蘿蔔和洋蔥翻炒約7分鐘。待洋蔥炒軟後，加入豬肉片，翻炒至顏色變白。再加入馬鈴薯翻炒約2分鐘。

4　把A和蒟蒻絲加進去。轉大火，煮滾後再轉成小火，放進略小的鍋蓋燉煮約15分鐘。倒入醬油後，用略小的鍋蓋蓋在食材上，再燉煮約10分鐘。

5　關火，加入青豆仁拌勻。直接放涼，讓食材入味。

燉煮前先翻炒過蔬菜，油可把蔬菜的鮮甜鎖在裡面，並煮出濃郁的滋味。

可做成常備菜！
冷藏可放3天

放入已清潔過的保存容器內，冷藏保存。

教學示範看這裡

味噌蘿蔔燉豬肉　小麥

在托兒所也很受歡迎的鹹甜味。豬肉用麵粉揉勻，才有軟嫩的口感。

（ 材 料 ）（2個大人＋1個小孩的份量）

豬腿肉薄片 … 200g
白蘿蔔 … 1/6條（150g）
紅蘿蔔 … 1/3條（75g）
蒟蒻 … 40g
麵粉 … 1大匙
油 … 1又1/3小匙
高湯 … 1又1/2杯
A 糖 … 1/2大匙
味醂 … 1/2小匙
B 味噌 … 1大匙
醬油 … 1小匙

（ 作 法 ）

1 將白蘿蔔和紅蘿蔔切成5mm寬的小三角形。蒟蒻的厚度剖半，縱向切成4等分後再橫向切成2mm寬，汆燙約1分鐘後瀝乾水分。

2 豬肉切成2～3cm寬，撒上麵粉後揉勻。把B調合備用。

3 油倒入鍋內以中火熱鍋，把白蘿蔔和紅蘿蔔翻炒約5分鐘。加入豬肉後轉小火，翻炒至顏色變白。

4 倒入高湯後轉大火，煮滾後撈起浮沫。加入蒟蒻和A後放下落蓋，用小火燉煮約10分鐘。

5 待白蘿蔔煮軟後加入B，放下落蓋後再燉煮約15分鐘。直接放涼，讓食材入味。

POINT

白蘿蔔先切成圓片，再縱向切成3～4等分，像是切成5mm寬的小三角形。

可做成常備菜！

冷凍可放3天

放入已清潔過的保存容器內，冷藏保存。

教學示範看這裡

黃豆炒豬肉

甜甜的番茄醬滋味和白飯、麵包都很對味。黃豆可使用罐裝黃豆或袋裝熟黃豆。

(材 料) （2個大人＋1個小孩的份量）

豬腿肉薄片 … 90g
水煮黃豆 … 140g
紅蘿蔔 … 1/3條 (70g)
洋蔥 … 1/2顆 (100g)
油 … 1大匙
A| 水 … 1又1/4杯
　 糖 … 1小匙多一點
B| 番茄醬 … 2大匙
　 鹽、胡椒 … 各少許

(作 法)

1　紅蘿蔔切成4等分後再隨意切成塊狀。洋蔥橫向剖半，縱向切成5mm寬的薄片。豬肉切成1～2cm寬。

2　倒油至鍋內以中火熱鍋，把紅蘿蔔和洋蔥翻炒約7分鐘。洋蔥炒至濕軟後，加入豬肉，翻炒至顏色變白。

3　加入已瀝乾水分的黃豆攪拌，再加入A以小火燉煮約10分鐘。再加入B，不時攪拌再燉煮15分鐘。完成後直接放涼，讓食材入味。

可做成常備菜！

冷藏可放3天

放入已清潔過的保存容器內，冷藏保存。

豆腐雞肉餅　蛋　小麥

加入豆腐呈現鬆軟的口感，很適合給年齡較小的幼兒。加入鹿尾菜也能攝取礦物質。

(材料) (2個大人+1個小孩的份量)

板豆腐⋯2/3塊 (200g)
雞絞肉⋯90g
乾鹿尾菜⋯1/2大匙 (1.5g)
紅蘿蔔⋯1/5條 (40g)
洋蔥⋯1/5顆 (40g)
蛋液⋯1/3顆份
油⋯1又1/3小匙

A 麵包粉⋯5又1/2大匙
　　糖⋯1/2小匙
　　醬油⋯1/3小匙
　　鹽⋯少許

B 糖⋯1小匙多一點
　　醬油⋯1小匙

(作法)

1. 取一鍋煮沸熱水，放入豆腐，汆燙約1分30秒後用濾網勺撈起。待豆腐散熱後，把豆腐放入細篩網內用手搗碎，靜置5分鐘瀝乾水分。再重複搗碎和靜置的動作，確實把豆腐的水分瀝乾。

2. 鹿尾菜放入水中約10分鐘泡開，瀝乾水分。把紅蘿蔔和洋蔥切成碎末。

3. 倒油至平底鍋以小火熱鍋，把**2**倒入翻炒約10分鐘後，放涼。

4. 把**1**、**3**、絞肉、蛋液和**A**倒入調理盆內，用手仔細拌勻。分成5等分，塑成球狀。在烤盤上鋪好烘焙紙，並抹上一層油（額外分量），把肉丸排列在上面。用已預熱至200℃的烤箱烤約20分鐘（小烤箱也一樣烤約20分鐘）。

5. 把**B**放入耐熱容器內，不蓋保鮮膜，用微波爐加熱約40秒。趁熱塗在已烤好的**4**表面。

POINT

秘訣在於豆腐要確實瀝乾水分。豆腐汆燙後，重複搗碎瀝乾水分的動作，直到豆腐呈現鬆散狀態。

可做成常備菜！

冷凍可放2週

用保鮮膜包覆，放入保鮮袋內冷凍保存。要吃時用微波爐加熱即可。

教學示範看這裡

高麗菜炸肉餅

蛋　乳製品　小麥

加入多到驚人的高麗菜，做出爽脆的口感。可另外佐上愛吃的醬汁。

（ 材料 ）（2個大人＋1個小孩的份量）

豬絞肉…100g
高麗菜…2又1/2片（130g）
鹽…少許

A｜ 蛋液…1/2顆的份量
　　麵包粉…1/2杯
　　脫脂奶粉…1大匙
　　鹽、胡椒…各少許

B｜ 蛋液…1/2顆的份量
　　麵粉…1又2/3大匙
　　水…1大匙

麵包粉…1/2杯
油…適量

（ 作法 ）

1　高麗菜切成碎末放入調理盆內，撒上鹽揉勻。靜置約15分鐘出水，確實擠乾水分。

2　在另個調理盆內放入絞肉和A，揉捏攪拌至產生黏性。把1加入攪拌，分成5等分，用雙手掌心像丟球一樣互拋，排出空氣，塑成球狀。依序沾裹調合好的B、麵包粉。

3　油加熱至中溫（約170℃），把2放入油炸。炸約2分鐘後上下翻面，再炸約2分鐘。再次上下翻面，再炸約3分鐘。

高麗菜和鹽揉勻過後，易與絞肉結合。高麗菜出水後要確實擠乾水分，防止肉餡過濕。

油炸時，把油鍋邊緣冒出的褐色泡沫撈起，可炸出漂亮的金黃色澤。

可做成常備菜！

冷凍可放2週

用保鮮膜包覆，放入保鮮袋內冷凍保存。要吃時用微波爐半解凍後，用小烤箱烘烤即可。

教學示範看這裡

可樂餅 [乳製品] [小麥]

乾燥馬鈴薯碎塊是非常便利的食材，搭配脫脂奶粉還能增加鈣質攝取的機會。

(材 料) (2個大人＋1個小孩的份量)

豬絞肉…80g
紅蘿蔔…1/3條 (70g)
洋蔥…1/3顆 (70g)
油…1/2大匙
鹽…少許
A 乾燥馬鈴薯碎塊…60g
　 脫脂奶粉…2又1/3大匙
熱水…170ml
B 麵粉…3大匙
　 水…40ml
麵包粉…3/4杯
油…適量

(作 法)

1　把紅蘿蔔和洋蔥切成碎末。

2　油倒入平底鍋以中火熱鍋，把**1**翻炒約5分鐘。
　 轉小火再翻炒約5分鐘。加入絞肉，一邊炒散
　 一邊翻炒至顏色變白後，撒上鹽，再翻炒約1
　 分鐘。倒至不鏽鋼方盤上，

3　把**A**倒入調理盆內混合後，倒入熱水儘速拌勻。

4　把**2**加入攪拌，分成5等分，塑成球狀，依序裹
　 上調合好的**B**、麵包粉。

5　把油加熱至高溫（約180℃），把**4**放入油
　 炸。炸約2分鐘後上下翻面，再炸約2分鐘。再
　 次上下翻面，再炸約1分鐘。

脫脂奶粉不易溶解，在倒入熱水前要先和馬鈴薯碎塊充分混合。此時馬鈴薯稍微有點硬也沒關係。

用姆指和食指稍微按壓肉丸，讓食材緊密貼合，預防油炸時會裂開。

可做成常備菜！

冷凍可放2週

用保鮮膜包覆，放入保鮮袋內冷凍保存。要吃時用微波爐半解凍後，用小烤箱烘烤即可。

教學示範看這裡

漢堡排　乳製品　小麥

加入了大量的麵包粉，即使不加蛋，也能做出鬆軟口感的漢堡排。

(材 料)（2個大人＋1個小孩的份量）　(作 法)

豬絞肉…250g

洋蔥…1/2顆（90g）

油…1/2大匙

A｜溫水…2大匙
　　脫脂奶粉…1大匙多一點

B｜麵包粉…3/4杯
　　鹽、胡椒…各少許

番茄醬…2小匙

1　洋蔥切成碎末。油倒入平底鍋以小火熱鍋，洋蔥翻炒約7分鐘炒至濕軟後，放涼。A先混合好備用。

2　把絞肉、洋蔥、A和B倒入調理盆內，攪拌均勻至產生黏性。分成5等分，用雙手掌心像丟球一樣互拋，排出空氣，塑成球狀。

3　排列在已鋪好烘焙紙的烤盤上，在肉丸正中間輕輕壓出一個凹洞，用已預熱至180℃的烤箱烤約20分鐘（小烤箱也一樣烤約20分鐘）。盛盤後，佐上番茄醬。

為了避免失敗，用烤箱烤就不用擔心裡面沒熟。

可做成常備菜！

冷凍可放2週

用保鮮膜包覆，放入保鮮袋內冷凍保存。要吃時用微波爐加熱即可。

高麗菜卷　蛋　小麥

不用很大片的葉片也 OK ！但高麗菜不容易咬斷，請務必將菜卷切成圓片後再盛盤上桌。

材料 （2個大人＋1個小孩的份量）

高麗菜…1/4顆（250g）
豬絞肉…200g
洋蔥…1/3顆（60g）
油…1/2大匙

A | 蛋液…1/2顆的份量
麵包粉…1/2杯又少一點點
鹽、胡椒…各少許

B | 水…1又1/4杯
雞湯粉…1/2小匙
鹽…少許

作法

1. 高麗菜維持1/4顆的原狀，把芯切掉，再把菜葉一片片剝下來（不好剝的部分可維持塊狀）。用熱水水煮約5分鐘，用濾網勺撈起放涼。剛才的不好剝的塊狀部分就可以一片片剝開，粗梗的部分，可以和較厚的葉片一起削掉。

2. 高麗菜的粗梗和洋蔥一起切成碎末。

3. 油倒入平底鍋以小火熱鍋，倒入**2**翻炒約7分鐘炒至濕軟後，放涼。

4. 把**3**、絞肉和**A**倒入調理盆內，攪拌至產生黏性。分成5等分，塑成圓筒形。先用**1**的小片菜葉包覆，再將其放在再大一點的菜葉中間。把左右的菜葉往內摺，緊密地捲起。

5. 另起一個小鍋，把**4**捲好的高麗菜卷的摺口朝下，緊密排列在鍋內。將剩下的高麗菜葉塞進鍋內的縫隙中，加入**B**後放下略小的鍋蓋在食材上，用小火燉煮約30分鐘。切成4～5等分的圓片盛盤，最後淋上滷汁。

POINT

只要用幾片小片的菜葉重疊起來，便可以把肉餡包起來。即使包得有點失敗，只要塞進小鍋子內擠得滿滿的再燉煮，菜葉便不會脫落，可煮出完美的高麗菜卷。

可做成常備菜！

冷凍可放2週

保持要分切前的圓筒狀，連同滷汁放入保鮮袋內冷凍保存。要吃時用微波爐加熱即可。

教學示範看這裡

鮭魚南蠻漬 〔小麥〕

可以吃到清爽的魚肉。食材添加了帶有甜味的番茄和小黃瓜，孩子也能輕易咬斷。

〔 材料 〕（2個大人＋1個小孩的份量）

生鮭魚…2又1/2片
小黃瓜…1/2條（50g）
番茄…1/2顆（100g）

A｜酒、醬油…各1小匙
　｜生薑汁…少許

B｜高湯…40ml
　｜糖…1大匙
　｜醋…2小匙
　｜醬油…1/2大匙

油…1大匙

麵粉…3又1/3大匙

〔 作法 〕

1　鮭魚去骨挑刺，1～2歲幼兒食用時，把1片魚切成3等分；3～5歲幼兒食用則切對半。把A調合後倒入調理盆，放入鮭魚沾滿醬汁，冷藏醃漬15分鐘左右。

2　番茄用熱水汆燙後脫皮，切成1cm的塊狀，放入篩網內。小黃瓜切成2mm寬的半圓形，用熱水水煮約1分鐘，放水裡靜置冷卻後，再瀝乾水分。

3　把B倒入鍋中煮滾後，轉小火再加熱約1分鐘後關火，把2加入攪拌。

4　倒油至平底鍋內以小火熱鍋，把1裹上薄薄一層麵粉後放入。煎約5分鐘後上下翻面，再煎約5分鐘。瀝油後盛盤，淋上3。

為了避免表面煎焦，請一邊觀察煎的狀況一邊調整火候。

奶油鮭魚 乳製品 小麥

孩子很怕吃到乾柴的魚肉，當魚烤好後馬上淋上融化的奶油，濕潤好入口。

（ 材 料 ）（2個大人＋1個小孩的份量）

生鮭魚⋯2又1/2片
鹽、胡椒⋯各少許
麵粉⋯1又1/3大匙
無鹽奶油⋯7g

（ 作 法 ）

1 鮭魚去骨挑刺，1～2歲幼兒食用時，把1片魚切成3等分；3～5歲幼兒食用則切對半。兩面撒上鹽和胡椒，冷藏醃漬15分鐘左右。

2 在烤盤上鋪好烘焙紙，並抹上油（額外份量），把**1**裹上薄薄一層麵粉後排列在上面。用已預熱至200℃的烤箱烤約15分鐘（小烤箱也一樣烤約15分鐘）。

3 把奶油放入耐熱容器內蓋上保鮮膜，微波加熱約20秒融化奶油。把**2**盛盤後淋上奶油。

教學示範看這裡

影片中添加咖哩粉

香酥鱈魚

待鱈魚出水後，將水分確實擦乾，才能烤出酥脆的口感。

(材料)（2個大人＋1個小孩的份量）

鱈魚…2又1/2片
鹽、胡椒…各少許
美乃滋…2又1/3大匙
麵包粉…1/2杯又多一點

(作法)

1　鱈魚去骨挑刺，1～2歲幼兒食用時，把1片魚切成3等分；3～5歲幼兒食用則切對半。兩面撒上鹽和胡椒，冷藏醃漬15分鐘左右。擦乾鱈魚逼出的水分，裹上美乃滋，再沾滿麵包粉。

2　在烤盤上鋪好烘焙紙，並抹上油（額外份量），把1排列在上面。用已預熱至200℃的烤箱烤約20分鐘（小烤箱也一樣烤約20分鐘）。

起司烤鱈魚 乳製品

蔬菜用番茄醬來調味，再蓋上乳酪絲烘烤，讓孩子更容易入口。

(材料) (2個大人＋1個小孩的份量)

鱈魚⋯2又1/2片
洋蔥⋯1/4顆 (50g)
紅蘿蔔⋯1/5條 (40g)
青椒⋯1個 (35g)
鹽⋯少許
油⋯1/2大匙
A 水⋯1/2杯
　番茄醬⋯2小匙
　鹽⋯少許
披薩用乳酪絲⋯3大匙

(作法)

1 鱈魚去骨挑刺，1～2歲幼兒食用時，把1片魚切成3等分；3～5歲幼兒食用則切對半。兩面撒上鹽和胡椒，冷藏醃漬15分鐘左右。

2 洋蔥橫向剖半，再縱向切成1mm寬的薄片。紅蘿蔔和青椒初成4cm長的細絲。

3 倒油至平底鍋內以中火熱鍋，把2翻炒約5分鐘。再倒入A燉煮約3分鐘，邊攪拌至收汁再燉煮約2分鐘。

4 把擦乾水分的鱈魚排列在已鋪好烘焙紙的烤盤上，淋上3。用已預熱至180℃的烤箱烤約10分鐘（小烤箱也一樣烤約10分鐘）。暫時取出，均等撒上披薩用乳酪絲，再烤約5分鐘（小烤箱也一樣烤約5分鐘）。

鱈魚容易出水，在烘烤前務必要擦乾水分。

乳酪絲涼掉後會變硬變得不好咬斷，若涼掉可用食物剪把乳酪絲剪開。

教學示範看這裡

鰤魚燉蘿蔔 小麥

先裹上麵粉烤過再燉煮，可煮出香嫩不易散開的魚肉。

(材料)（2個大人＋1個小孩的份量）

鰤魚…2又1/2片
白蘿蔔…1/5條（200g）
麵粉…1大匙
A | 高湯…2杯
　 糖…1大匙
　 酒…2/3小匙
醬油…2小匙

(作法)

1　鰤魚去骨挑刺，1～2歲幼兒食用時，把1片魚切成3等分；3～5歲幼兒食用則切對半。魚片全部裹上薄薄一層麵粉，放在已鋪好烘焙紙的烤盤上，再放入已預熱至200℃的烤箱烤約10分鐘（小烤箱也一樣烤約10分鐘）。

2　白蘿蔔切成1cm寬的小三角形。

3　把A和2倒入鍋內煮滾，放進略小的蓋子後，用小火燉煮約20分鐘直到白蘿蔔軟嫩。加入醬油，把鰤魚擺入鍋內的縫隙中。再放進略小的蓋子後，用小火燉煮約10分鐘。關火放涼。

教學示範看這裡

教學示範看這裡

本影片以雞肉示範

照燒鰤魚

高溫烘烤容易烤焦，用較低的溫度慢慢烘烤即可。

（ 材 料 ）（2個大人＋1個小孩的份量）

鰤魚…2又1/2片

A 醬油…1/2大匙
　糖…1小匙多一點
　味醂…2/3小匙

（ 作 法 ）

1　鰤魚去骨挑刺，1～2歲幼兒食用時，把1片魚切成3等分；3～5歲幼兒食用則切對半。把A倒入調理盆內調勻，放入鰤魚拌勻，冷藏醃漬15分鐘左右。

2　排列在已鋪好烘焙紙的烤盤上。放進已預熱至180℃的烤箱烤約15分鐘（小烤箱也一樣烤約15分鐘）。

教學示範看這裡

滷魚 <small>小麥</small>

本食譜可應用在旗魚、鮭魚或鱈魚等容易買到的魚塊，因此學會這道菜會非常方便。

(材 料) （2個大人＋1個小孩的份量）

土魠魚…2又1/2片
麵粉…1大匙
A 高湯…1又1/4杯
　　糖…1/2大匙
　　醬油…1/2大匙
　　味醂…1小匙
　　生薑汁…少許

(作 法)

1　土魠魚去骨挑刺，1～2歲幼兒食用時，把1片魚切成3等分；3～5歲幼兒食用則切對半。把裹上薄薄一層麵粉的土魠魚排列在已鋪好烘焙紙的烤盤上，用已預熱至200℃的烤箱烤約10分鐘（小烤箱也一樣烤約10分鐘）。

2　把**A**倒入鍋內煮滾，再放入**1**，放進略小的蓋子蓋在食材上，以中火燉煮10分鐘。拿起小蓋子，用湯匙撈起滷汁淋在魚塊上，邊淋邊煮約1分鐘。

3　直接關火放涼，盛盤後再淋上滷汁。

淋上煮好的滷汁，容易乾柴的魚肉也變得容易入口了。

教學示範看這裡

本影片以鯖魚示範

味噌鯖魚

鯖魚先用熱水汆燙會讓魚肉變硬，利用「流動的水＋麵粉」讓魚肉變得軟嫩。

(材料)

(2個大人＋1個小孩的份量)

鯖魚…2又1/2片
麵粉…1又1/2大匙
A 高湯…1杯
　糖…1/2大匙
　味噌…1/2大匙
　酒…1小匙
　醬油、薑汁…各1/2小匙

(作法)

1 鯖魚去骨挑刺，1～2歲幼兒食用時，把1片魚切成3等分；3～5歲幼兒食用則切對半。用流動的水沖洗後再擦乾水分。

2 把裹上薄薄一層麵粉的鯖魚，魚皮朝上排列在鋪好烘焙紙的烤盤上，用已預熱至200℃的烤箱烤約10分鐘（小烤箱也一樣烤約10分鐘）。

3 另起一鍋把A煮滾，把2的魚皮朝上放入鍋內。用湯匙撈起滷汁淋在魚肉上，再放進落蓋用小火燉煮約15分鐘。拿起落蓋，用湯匙撈起滷汁淋在魚肉上，以中火邊淋邊煮約4～5分鐘，煮至變得濃稠。

4 直接關火放涼，盛盤後，再淋上滷汁。

2歲以下的幼兒若不愛吃鯖魚，可用其他白肉魚來取代。

流水洗過的鯖魚，沾滿麵粉烘烤，即使不用事先汆燙也OK。可以做出軟嫩無腥味的鯖魚。

魚皮朝上燉煮，魚皮便不會沾黏鍋底，可以煮出完整的魚肉。

焗烤旗魚　蛋　乳製品　小麥

做成咖哩風味的焗烤料理，即使是不愛吃魚的孩子也能大口吃下肚。

(材料)

(2個大人＋1個小孩的份量)

旗魚…1又1/2片
馬鈴薯(五月皇后)…1顆(180g)
洋蔥…1/2顆(100g)
咖哩粉、鹽…各少許
美乃滋…3又1/3大匙
油…1/2大匙
麵包粉…1又2/3大匙
起司粉…1大匙
洋香菜葉…少許

(作法)

 馬鈴薯切成2cm寬的扇形，泡水約5分鐘。起一鍋水放入馬鈴薯煮沸後再煮約10分鐘，直到叉子能輕鬆叉入的軟硬度。瀝乾水分後倒入調理盆內，趁熱搗碎，加入咖哩粉和鹽拌勻。放涼後加入美乃滋拌勻。

2 把旗魚切成2cm的塊狀，撒上少許鹽(額外份量)。把洋蔥橫向剖半，再縱向切成1mm寬的薄片。

3 把油倒入平底鍋以中火熱鍋，洋蔥翻炒約2分鐘。轉小火再翻炒約3分鐘，加入旗魚翻炒約2分鐘。

4 把3裝入耐熱容器內，把1擺在上面，把麵包粉和起司粉混合後撒在上面。

5 把3擺在烤盤上，放入已預熱至200℃的烤箱烤約15分鐘(小烤箱先烤約5分鐘，再蓋上鋁箔紙烤約10分鐘)。最後撒上洋香菜葉。

馬鈴薯若太乾，會不好入口，水煮後要儘速搗碎，避免水分流失，保持濕潤度。

烤旗魚佐番茄醬

用蛋把魚的鮮甜鎖在裡面。只要烤得鬆鬆軟軟的，即使不事先醃漬，也能吃得津津有味。

(材料)（2個大人＋1個小孩的份量）

旗魚…2又1/2片
麵粉…1大匙
蛋液…1顆的份量
番茄醬…1大匙

(作法)

1　1～2歲幼兒食用時，把1片旗魚切成3等分；3～
　　5歲幼兒食用則切對半。沾上薄薄一層麵粉，整
　　體裹上蛋液。

2　在鋪好烘焙紙的烤盤上塗一層油（另外準備），
　　把1排在上面。放進已預熱至180℃的烤箱烤約
　　15分鐘（小烤箱也一樣烤約15分鐘）。

3　盛盤後，佐上番茄醬。

關東煮 蛋（鵪鶉、竹輪） 小麥

加入大量的蔬菜，做出一道能攝取維生素和膳食纖維的關東煮吧！

（材料）(2個大人＋1個小孩的份量)

白蘿蔔…3.5cm（90g）
紅蘿蔔…1/4條（50g）
馬鈴薯（五月皇后）…
小的1顆（100g）
甜不辣…1片（60g）
竹輪…1條
蒟蒻…40g
鵪鶉蛋（水煮）…5顆

A| 高湯…2又1/2杯
 | 味醂…1小匙
B| 醬油…1小匙
 | 鹽…少許

> 要叫孩子不要喝湯汁有點困難，倒不如將湯汁的味道調淡，才不會攝取過多的鹽份。

（作法）

1 把白蘿蔔和紅蘿蔔切成1cm寬的小三角形。馬鈴薯切成2cm寬的扇形，泡水約5分鐘，再瀝乾水分。

2 甜不辣先汆燙去油，再切成2cm大的小三角形，竹輪切成2mm寬的半圓形。蒟蒻的厚度剖半，再縱向切成4等分，橫向切成2mm的寬度，汆燙約1分鐘後瀝乾水分。

3 把A和1倒進鍋內煮滾，轉小火再燉煮約20分鐘。待白蘿蔔煮軟後，把2和鵪鶉蛋加進去，用B來調味。用超小火燉煮約15分鐘。再直接放涼。

> 為了避免湯汁煮乾，燉煮時要注意火候。

4 把鵪鶉蛋切成4等分（預防噎到），盛盤。

POINT

不好咬斷的蒟蒻，先把厚度剖半，再縱向切成4等分後，切成2mm寬的薄片。

可做成常備菜！

冷藏可放3天

連同滷汁一同放入清潔過的保存容器內，冷藏保存。

教學示範看這裡

炸海苔竹輪 蛋 小麥

不過度攪拌麵糊，是竹輪炸得酥脆的秘訣。

(材 料) （2個大人＋1個小孩的份量）

竹輪…5條
A| 蛋液…1/2顆的份量
　　麵粉…2又1/2大匙
　　水…1又1/2大匙
　　海苔粉…1小匙
油…適量

(作 法)

1　竹輪縱向剖半，再把長度分切成3等分。

2　把A倒入調理盆內調勻，用長筷稍微攪拌一下。把1加進去沾裹麵衣。

3　油加熱至中溫（約170℃），放入2，油炸約1分30秒後上下翻面。再炸約1分30秒，讓表面呈現淡淡的金黃色。

可做成常備菜！

冷凍可放2週

用保鮮膜包覆，放入保鮮袋內冷凍保存。要吃時用微波爐半解凍後，用小烤箱烘烤即可。

2章

蔬菜滿滿的配菜

配菜使用大量的時令蔬菜，

致力於讓孩子攝取維生素、礦物質和膳食纖維。

為了讓孩子更好入口，請在切法上下點工夫，

和鮮甜的食材搭配起來，

即使有不愛吃的蔬菜，孩子也能吃得一乾二淨。

烹調蔬菜的 **7** 項重點

蔬菜是維生素、礦物質和膳食纖維的營養來源。
只要在烹調時下點工夫，討厭蔬菜的孩子也能大口大口吃光光。

把泥土沖洗乾淨

孩子不肯吃蔬菜的原因之一就是菜有土味！將蔬菜洗乾淨，確認是否有泥土殘留。菠菜要泡大量的水，仔細將根部清洗乾淨。而日本大蔥的綠色中空部位大多有泥土殘留在內，連裡面都要清洗乾淨。

葉菜類要以 縱向、橫向、斜向切開

孩子會不喜歡菠菜和小松菜這些葉菜類，大多是因為「不好咬斷」和「有苦味」的關係。菜刀可以從縱向、橫向和斜向等各方向，沿著葉脈切斷纖維，把菜葉切得碎碎的。煮菠菜時會冒出大量的浮沫，是造成苦澀的原因，水煮時要記得把浮抹撈掉。

和鮮甜食材搭配

孩子的料理基本上都要煮得清淡，但有些蔬菜本身就有強烈的氣味。雖然烹調時多費一番工夫很重要，但使用鮮甜的食材來搭配，會增加孩子食用的欲望。如果有孩子不愛吃的蔬菜，就添加玉米、鮪魚、柴魚或芝麻來做搭配吧！

涼拌菜要先加熱和擠乾水分

蔬菜經過水煮，除了能讓食材軟化，還有殺菌、去鹽的效果。在托兒所，即使是大人能生吃的小黃瓜和火腿，全都要水煮加熱才能給孩子們吃。在YouTube頻道上有許多人留言說：「孩子不愛吃的小黃瓜，水煮後竟然能吃了！」涼拌菜若有過多的水分殘留，會讓味道變得糊糊的，請一定要先把食材的水分擠乾後再和調味料拌勻喔！

要注意不好咬的食材

蒟蒻、蒟蒻絲、魚漿製品、菇類、海帶和炸豆皮這些，有嚼勁、又薄容易黏牙，得要用臼齒咬碎才可吞下的都是不好咬的食材。而且有嚼勁的食材很容易會噎到，一定要切得很小塊。在孩子的牙齒未長齊前都要特別注意。

芝麻要先「炒過」

雖然芝麻粒和芝麻碎粒可以直接加入料理內，但再次炒過，或是用磨缽磨過，可讓芝麻變得更香，即使料理很清淡，也會令人覺得很可口。如果有時間請務必嘗試看看，你一定能發現其中的美味。

醋可先用微波爐加熱

身體本能會察覺酸味是「腐敗的味道」，這就是孩子不喜歡吃的原因。有加醋的料理一定要減少酸味。例如要做沙拉時，可先把醋用微波爐加熱，或倒入小鍋內煮滾，中和掉酸味後再加入料理內。

教學示範看這裡

菠菜鮪魚沙拉

加入鮪魚和芝麻的風味，即便是討厭的菠菜也能輕鬆吃光。這也是很受老師們喜愛的一道菜。

（材料）（2個大人＋1個小孩的份量）

菠菜…4/5把（170g）
紅蘿蔔…1/3條（60g）
油漬鮪魚罐頭…30g
白芝麻粒…2小匙

A｜醋…2/3小匙
　｜醬油…1/2大匙
　｜糖…1小匙多一點

（作法）

1　把紅蘿蔔切成4cm長的細絲。菠菜梗切成2cm寬，葉片以縱、橫、斜各方向切成碎末。

2　紅蘿蔔放入水中煮沸後，再水煮約3分鐘。菠菜用熱水汆燙約2分鐘，和紅蘿蔔混合在一起，放在水中冷卻。

3　鮪魚瀝掉油漬。把**A**倒入耐熱碗裡拌勻，微波加熱約20秒。

4　起一小鍋，倒入白芝麻開中火，邊搖晃鍋身（或用木鏟充分翻炒），邊乾炒約3分鐘。

5　把擠乾水分的**2**、鮪魚和**4**一同放入調理盆內，倒入**A**一起拌勻。放冷藏冷卻。

POINT

像菠菜這種輕薄的菜葉，食用時有可能會黏在喉嚨而引發危險。所以要改變切菜的方向把纖維切斷，把菠菜葉片切成碎末後再烹調。

可做成常備菜！

冷藏可放3天

放入已清潔過的保存容器內，冷藏保存。

教學示範看這裡

2位 鹿尾菜美乃滋沙拉 〔蛋〕

意想不到的組合卻非常對味,很適合做給不愛吃鹿尾菜的孩子。

〔 材料 〕（2個大人＋1個小孩的份量）

乾鹿尾菜…6g
紅蘿蔔…1/5條（40g）
小黃瓜…1/2條（60g）
玉米粒罐頭…50g
醬油…1/2小匙
A 美乃滋…1又2/3大匙
　　 鹽、胡椒…各少許

〔 作 法 〕

1　鹿尾菜放水中約10分鐘泡開,用熱水煮約5分鐘。瀝乾水分後倒入鍋內,加入醬油攪拌,開中火邊收汁邊翻炒約2分鐘,放涼。玉米粒瀝乾水分備用。

2　把紅蘿蔔和小黃瓜切成4cm長的細絲。紅蘿蔔放水中煮沸後,再水煮約3分鐘。小黃瓜用熱水煮約1分鐘,和紅蘿蔔混合一同放水中冷卻。

3　把擠乾水分的**2**和**1**放入調理盆內,倒入**A**拌勻。放冷藏冷卻。

鹿尾菜事先調味,容易和美乃滋混合,更加美味。

 3位 涼拌番茄鴻禧菇

重點在於鮪魚的鮮甜味。有許多家長告訴我，這道菜連不愛吃番茄的孩子都敢吃。

（ 材料 ）（2個大人＋1個小孩的份量）

番茄…1顆（180g）
鴻禧菇…1/2包（50g）
油漬鮪魚罐頭…50g
A│油…1大匙
　│糖…1/2大匙
　│醋…1小匙多一點
　│鹽…少許
洋香菜葉…少許

（ 作 法 ）

1　鴻禧菇切成1cm長並剝散，菇傘的部分稍微切碎。用熱水煮約3分鐘，直接放水中冷卻。

2　番茄用熱水汆燙後脫皮，切成1cm的塊狀，放入篩網內。鮪魚瀝掉油漬。把**A**倒入耐熱容器內調勻，微波加熱約30秒。

3　把瀝乾水分的鴻禧菇、番茄和鮪魚倒入調理盆內，撒上洋香菜葉，倒入**A**拌勻。放冷藏冷卻。

可做成常備菜！

冷藏可放3天

放入已清潔過的保存容器內，冷藏保存。

涼拌菠菜

加入紅蘿蔔能增加甜味，不論是口感還是配色都很棒。

（ 材 料 ）（2個大人＋1個小孩的份量）

菠菜…3/4把（150g）
紅蘿蔔…1/5條（40g）
A｜柴魚片…1包（2.5g）
　｜高湯…2小匙
　｜醬油…1小匙

菠菜和其他蔬菜作搭配，
會變得更容易入口。

（ 作 法 ）

1　紅蘿蔔切成4cm長的細絲。菠菜梗切成2cm寬，葉片以縱、橫、斜各方向切成碎末。

2　紅蘿蔔放入水中煮至沸騰後，再水煮約3分鐘。菠菜用熱水煮約2分鐘，和紅蘿蔔一起放在水中冷卻。

3　把擠乾水分的2倒入調理盆內，加入A拌勻。

可做成常備菜！

冷藏可放3天

放入已清潔過的
保存容器內，冷
藏保存。

涼拌菠菜豆腐 蛋（竹輪）

可以同時攝取蛋白質和維生素的配菜。有著淡淡的甜味，充滿溫潤的口感。

豆腐有徹底擠乾水分，味道不會變得糊糊的，會做成很棒的口感。（請參考P.34的POINT）

(材 料)（2個大人+1個小孩的份量）

板豆腐…1/2塊（150g）
菠菜…1/3把（60g）
紅蘿蔔…1/4條（50g）
竹輪…1又1/2條
高湯…160ml
A| 糖…1/2小匙
 | 醬油…1/3小匙
白芝麻粒…1大匙
B| 糖…1大匙
 | 味噌…1小匙多一點

(作 法)

1　起一鍋熱水煮沸，放入豆腐，水煮約1分30秒後用濾網勺撈起。散熱後，把豆腐放入細篩網內，用手捏碎豆腐，靜置約5分鐘瀝乾水分。重複此動作，徹底將水分瀝乾。

2　菠菜梗切成2cm寬，葉片以縱橫斜各方向切成碎末。用熱水煮約2分鐘，直接放水中冷卻。紅蘿蔔切成4cm長的細絲，竹輪則切成2mm寬的半圓形。

3　把高湯和紅蘿蔔倒入鍋內煮滾後，再轉小火燉煮約7分鐘。加入A和竹輪，燉煮約3分鐘煮至收汁。直接放鍋內放涼。

4　起一小鍋倒入白芝麻後開中火，邊搖晃鍋身（或用木鏟翻炒）邊乾炒約3分鐘。再用磨缽磨白芝麻。

芝麻粒經過再次磨碎、香氣會更濃郁。

5　把1、擠乾水分的菠菜、3和4倒入調理盆內，加入B拌勻。放冷藏冷卻。

可做成常備菜！

冷藏可放3天

放入已清潔過的保存容器內，冷藏保存。

教學示範看這裡

教學示範看這裡

涼拌紅蘿蔔絲　蛋

紅蘿蔔切得太細容易炒焦，稍微切粗一點再料理吧！

(材 料) (2個大人＋1個小孩的份量)

紅蘿蔔⋯3/4條 (150g)
油漬鮪魚罐頭⋯30g
油⋯1大匙
蛋液⋯1/2顆的份量
A| 鹽、醬油、胡椒⋯各少許

(作 法)

1　紅蘿蔔切成4cm長的細絲。鮪魚瀝掉油漬。

2　倒油至平底鍋內以中火熱鍋，將紅蘿蔔翻炒約5分鐘。轉小火，再翻炒約5分鐘至紅蘿蔔濕軟。加入蛋液，讓蛋液裹上紅蘿蔔，再翻炒約40秒。

3　加入鮪魚，用A調味，邊把鮪魚炒散，再翻炒約1分鐘。

可做成常備菜！

冷藏可放3天　　放入已清潔過的保存容器內，冷藏保存。

青花菜沙拉

沙拉醬經過加熱會讓酸味變得溫和。芝麻的焦香味可提升味道的層次。

(材 料) (2個大人＋1個小孩的份量)

青花菜…1/2個（150g）

A 油…1大匙
醋…1/2大匙
鹽、胡椒…各少許

白芝麻粒…2/3小匙

可做成常備菜！

冷藏可放3天

放入已清潔過的
保存容器內，冷
藏保存。

(作 法)

1 青花菜分切成3cm大的份量。用熱水煮約3分鐘，用濾網勺
撈起，放在鋪好廚房紙巾的不鏽鋼方盤內放涼。

2 把A倒入耐熱容器內調勻，微波加熱約30秒。另起小鍋倒
入白芝麻後開中火，邊搖晃鍋身（或用木鏟翻炒）邊乾炒
約3分鐘。

3 把1和白芝麻倒入調理盆內，加入A拌勻。放冷藏冷卻。

燉茄子

昆布高湯是孩子很喜歡的味道。茄子皮很難咬斷，記得把皮削成條紋狀。

(材 料)（2個大人＋1個小孩的份量）

茄子…3條（230g）
油…2大匙
A｜ 高湯…130ml
　｜ 糖…1/2大匙
　｜ 醬油…1小匙
柴魚片…3.5g

(作 法)

1　把茄子的皮削成條紋狀，再切成1cm寬的扇形。泡水約10分鐘後，擦乾水分。

2　倒油至平底鍋內以中火熱鍋，把**1**翻炒約5分鐘。再加入**A**，燉煮約5分鐘收汁。加入柴魚片拌勻。

可做成常備菜！

冷凍可放2週

用保鮮膜包覆，放入保鮮袋內冷凍保存。要吃時用微波爐加熱即可。

咖哩炒豆芽 蛋　乳製品

經過充分翻炒後，會淡化青椒的苦味。

(材 料) (2個大人＋1個小孩的份量)

豆芽菜…2/3包（170g）
紅蘿蔔…1/4條（50g）
青椒…1個（30g）
培根…2片
油…1/2大匙
A｜ 醬油…2/3小匙
　　咖哩粉、糖…各少許

(作 法)

1　把紅蘿蔔和青椒切成4cm長的細絲。豆芽菜切成2cm
　　長。培根切成5mm寬的細絲。

2　油倒入平底鍋內以超小火熱鍋，把紅蘿蔔和青椒翻炒約
　　7分鐘。再加入豆芽菜和培根，以小火翻炒約10分鐘。

3　加入A，再翻炒約1分鐘。

可做成常備菜！

冷凍可放2週

用保鮮膜包覆，放入
保鮮袋內冷凍保存。
要吃時用微波爐加熱
即可。

馬鈴薯沙拉 蛋 乳製品

馬鈴薯加醋攪拌，即使加入少量的美乃滋，也能做成好吃的沙拉。

(材 料)（2個大人＋1個小孩的份量）

馬鈴薯（五月皇后）… 小的2顆（200g） 紅蘿蔔…1/4條（50g） 小黃瓜…1/2條（60g） 火腿…3片	**A** 醋…1小匙多一點 　　鹽…少許 　　美乃滋…2又1/2大匙 　　鹽、胡椒…各少許

(作 法)

1　馬鈴薯切成1cm寬的扇形，泡水約5分鐘。放入水中煮沸後再煮約10分鐘，直到叉子可輕鬆插入為止。瀝乾水分放入鍋內，開中火炒乾水分。倒入較大的調理盆內，稍微搗碎，趁熱加入**A**攪拌後，放涼。

2　紅蘿蔔切成2mm寬的小三角形，小黃瓜切成2mm寬的半圓形。火腿對半切開後再切成5mm寬的細絲。紅蘿蔔放水中煮沸後再煮約3分鐘。小黃瓜和火腿用熱水煮約1分鐘，再和紅蘿蔔一起放在水中冷卻。

3　把**2**的水分擠乾後倒入**1**的調理盆內，加入**B**拌勻。放冷藏冷卻。

> 馬鈴薯水煮後炒乾水分，可做出鬆軟的口感。

冷藏可放3天

放入已清潔過的
保存容器內，冷
藏保存。

德式煎馬鈴薯　蛋　乳製品

培根的鮮甜帶出馬鈴薯的香氣。要小心別炒得太焦脆，口感會變硬。

〔 材 料 〕（2個大人＋1個小孩的份量）

馬鈴薯（五月皇后）…2顆（250g）
洋蔥…1/3顆（70g）
培根…1片
無鹽奶油…15g
A　雞湯粉…1/3小匙
　　鹽、胡椒…各少許
　　洋香菜葉…少許

〔 作 法 〕

1　馬鈴薯切成1cm寬的扇形，泡水5分鐘。放水中煮沸
　　後再煮約10分鐘，直到叉子能輕鬆插入的程度，再瀝
　　乾水分。

2　洋蔥橫向剖半，再縱向切成2mm寬的薄片。培根切
　　成5mm的寬度。

3　奶油倒入平底鍋內以超小火熱鍋，洋蔥翻炒約8分鐘
　　直到濕軟。加入培根、1和A，以小火翻炒約5分鐘，
　　並注意別炒焦。再加入洋香菜葉攪拌。

糖煮地瓜 乳製品

地瓜皮較難咬斷，所以給孩子吃的地瓜要全削皮。

（材料）(2個大人＋1個小孩的份量)

地瓜…1條 (230g)
A 水…1/2杯
　 糖…1大匙
　 無鹽奶油…5g
　 鹽…少許

（作法）

1　地瓜削皮，切成1cm寬的半圓形或扇形。泡水約5分鐘。

2　將A倒入鍋內煮滾，把瀝乾水分的1放入，放入略小的蓋子，再轉超小火燉煮約5分鐘。地瓜上下翻面後，再把較小的蓋子放在食材上，小火燉煮約5分鐘。直接放涼。

可做成常備菜！

冷凍可放2週

用保鮮膜包覆，放入保鮮袋內冷凍保存。要吃時用微波爐加熱即可。

南瓜沙拉　　蛋

為了不讓南瓜吃起來水水的，煮至收乾水分後再拌入其他食材。重點在事先用醋來調味。

(材 料) (2個大人＋1個小孩的份量)

南瓜 … 1/8個 (180g)
洋蔥 … 1/6顆 (30g)
小黃瓜 … 1/4條 (25g)
醋 … 1/2小匙
A 美乃滋 … 1又2/3大匙
　　鹽、胡椒 … 各少許

(作 法)

1　南瓜只把有傷的外皮部分削掉，再切成1.5cm的塊狀。洋蔥橫向剖半後，縱向切成1mm寬的薄片。小黃瓜切成1mm寬的半圓形。

2　南瓜放入水中煮沸後再煮約15分鐘，直到外皮煮軟為止。瀝乾水分放入鍋內，開中火乾炒約1分30秒收乾水分。改倒入較大的調理盆內，趁熱倒入醋攪拌，放涼。

3　洋蔥放入水中煮沸後，再煮約7分鐘。小黃瓜用熱水煮約2分鐘，和洋蔥一同放在水裡冷卻。

4　把擠乾水分的**3**和**A**加入**2**的調理盆內拌勻。放冷藏冷卻。

為了去除洋蔥的嗆辣，水煮的時間要拉長。

芝麻醬沙拉 　蛋 　乳製品

水煮過的高麗菜會釋出甜味,更好入口。焦香的芝麻能增添口感。

〔 材 料 〕（2個大人＋1個小孩的份量）

高麗菜…2片（100g）
小黃瓜…2/3條（80g）
番茄…1/2顆（80g）
火腿…3片
A｜油…1大匙
　｜醋…2小匙
　｜鹽…一小撮
　｜胡椒…少許
白芝麻粒…1又2/3小匙

〔 作 法 〕

1　把高麗菜和小黃瓜切成4cm長的細絲。火腿對半切開後再切成5mm寬的細絲。高麗菜用熱水煮約4分鐘,小黃瓜和火腿則是煮約1分鐘,全部混合在一起放水中冷卻。

2　番茄用熱水汆燙後脫皮,切成1cm的塊狀,放入篩網內。把A倒入耐熱容器內調勻,微波加熱約40秒。起一小鍋倒入白芝麻粒,開中火邊搖晃鍋身邊乾炒約3分鐘。

也可用木鏟仔細攪拌乾炒。

3　把擠乾水分的1、番茄和白芝麻倒入調理盆,加入A拌勻。放冷藏冷卻。

71

義大利麵沙拉

蛋　乳製品　小麥

蔬菜比義大利麵還多的維生素沙拉。秘訣在於把義大利麵的水分徹底瀝乾。

［材料］（2個大人＋1個小孩的份量）

乾義大利麵…40g
高麗菜…2片小的葉片（80g）
紅蘿蔔…1/6條（30g）
小黃瓜…1/2條（50g）
火腿…2片
A｜美乃滋…2大匙
　｜鹽、胡椒…各少許

［作法］

1　煮沸一鍋熱水，用手直接把義大利麵折成3等分放入鍋內，水煮時間比包裝上所寫的再多5分鐘。煮好後直接放水中冷卻，再用濾網勺撈起瀝乾水分。

2　把紅蘿蔔、小黃瓜和高麗菜切成4cm長的細絲，火腿對半切開後也切成細絲。紅蘿蔔放水中煮沸後，再煮約3分鐘。高麗菜用熱水煮4分鐘、小黃瓜和火腿則煮1分鐘，全部混合在一起放水中冷卻。

3　將擠乾水分的**2**放入調理盆內，再加入**1**和**A**拌勻。放冷藏冷卻。

為了去除洋蔥的嗆辣，水煮的時間要拉長。

教學示範看這裡

教學示範看這裡

高麗菜黃豆沙拉　蛋　乳製品

呈現塊狀的蔬菜和一粒粒的黃豆吃起來真有趣！可以充分享受咀嚼的口感。

(材 料)（2個大人＋1個小孩的份量）

高麗菜…3片（150g）
紅蘿蔔…1/5條（40g）
小黃瓜…1/2條（40g）
水煮黃豆…80g
火腿…2片
醬油…2/3小匙
A｜美乃滋…1又2/3大匙
　｜鹽、胡椒…各少許

(作 法)

1　把高麗菜和火腿切成1cm的四方形；紅蘿蔔和小黃瓜切成1cm的塊狀。紅蘿蔔放水中煮沸後，再煮約5分鐘。高麗菜用熱水煮約4分鐘，小黃瓜和火腿則是煮約1分鐘，全部混合在一起後放水中冷卻。

2　把瀝乾水分的黃豆放入鍋中，加入醬油攪拌，開小火，邊搖晃鍋身邊煮約2分鐘。直接放鍋裡放涼。

3　把擠乾水分的1和2倒入調理盆內，加入A拌勻。放冷藏冷卻。

黃豆事先調好味，可以和美乃滋充分拌勻。

教學示範看這裡

涼拌粉絲 蛋 乳製品

涼拌粉絲是中國式的冬粉沙拉，滑溜的口感很受歡迎。本道菜也可加入蛋絲。

(材 料) （2個大人＋1個小孩的份量）

紅蘿蔔…1/6條（30g）
小黃瓜…1/2條（50g）
火腿…2片
乾冬粉…20g

A 醋、糖…各2小匙
　麻油…1/2大匙
　醬油…1小匙
　鹽…少許

冬粉分成有嚼勁的綠豆冬粉，和軟綿易入味的日本國產冬粉，各有各的美味，使用哪一種都可以。

(作 法)

1 把紅蘿蔔和小黃瓜切成4cm長的細絲。火腿對半切開後再切成絲。紅蘿蔔放水中煮沸後，再煮約3分鐘。小黃瓜和火腿則是用熱水煮約1分鐘，全部混合在一起放在水中冷卻。

2 冬粉用熱水煮15分鐘。直接放水中冷卻，瀝乾水分後切成3cm長。

3 把A倒入耐熱容器內調勻，微波加熱約40秒。

4 把擠乾水分的1和2倒入調理盆內，加入A拌勻。放冷藏冷卻。

冬粉沙拉 蛋 乳製品

雖然和涼拌粉絲是使用同樣的材料，但這是美乃滋口味，在廚房都稱這道菜為「雪白沙拉」。

(材 料) (2個大人＋1個小孩的份量)

紅蘿蔔…1/6條 (30g)
小黃瓜…1/2條 (60g)
火腿…3片
乾冬粉…20g
A| 美乃滋…2大匙
  鹽、胡椒…各少許

(作 法)

1 把紅蘿蔔和小黃瓜切成4cm長的細絲。火腿對半切開後也切成細絲。紅蘿蔔放水中煮沸後，再煮約3分鐘。小黃瓜和火腿用熱水煮約1分鐘，全部混合在一起後放水中冷卻。

2 冬粉用熱水煮約15分鐘。直接放水中冷卻，瀝乾水分後切成3cm長。

3 把擠乾水分的1和2放入調理盆內，加入A拌勻。放冷藏冷卻。

教學示範看這裡

筑前煮 蛋（竹輪）

只要調整一下份量，可當作主菜，也能成為口感豐富的一道配菜。

(材料)（2個大人＋1個小孩的份量）

去皮雞腿肉…70g
紅蘿蔔…1/3條（60g）
牛蒡…1/4條（40g）
蓮藕…1/4節（50g）
竹輪…1條
蒟蒻…40g
油…2小匙
A｜高湯…1又1/4杯
　｜糖…1小匙多一點
　｜味醂…1/2小匙
醬油…2/3小匙
鹽…少許

(作 法)

1　紅蘿蔔切成4等分後再滾刀切成小塊狀。牛蒡縱向剖半後再切成長3cm寬2mm的斜切薄片，而蓮藕則切成8等分2mm寬的小扇形。把牛蒡和蓮藕都泡水約5分鐘。

2　雞肉切成1cm的塊狀，竹輪則切成2mm寬的半圓形。蒟蒻把厚度剖半，縱向切成4等分再切成2mm寬，水煮約1分鐘後瀝乾水分。

3　倒油至鍋內以中火熱鍋，把紅蘿蔔、瀝乾水分的牛蒡和蓮藕翻炒約2分鐘。轉小火再翻炒約3分鐘，加入 2 後再翻炒約3分鐘。

4　加入 A，以略小的蓋子蓋在食材上，以小火燉煮約20分鐘。蓮藕和牛蒡都煮軟後，加入醬油和鹽，再把略小的蓋子放在食材上，燉煮10分鐘。直接放鍋內冷卻。

POINT

切成扇形的蓮藕，再分切成小塊狀的8等分會更易入口。

可做成常備菜！

冷藏可放3天

放入已清潔過的保存容器內，冷藏保存。

教學示範看這裡

什錦牛蒡

把高湯充分煮入味,即使調味清淡也很美味,根莖類也變得容易入口。

(材料) (2個大人＋1個小孩的份量)

紅蘿蔔…1/3條 (60g)
牛蒡…1/3條 (60g)
蓮藕…1/5節 (30g)
青椒…1/2個 (20g)
蒟蒻絲…30g
油…2小匙
A｜高湯…1又1/4杯
　｜味醂、酒…各1小匙
醬油…1小匙
白芝麻粒…1小匙

(作 法)

1　把紅蘿蔔、牛蒡和青椒切成4cm長的細絲。蓮藕切成8等分後再切成2mm寬的小扇形。牛蒡和蓮藕泡水約5分鐘。蒟蒻絲切成2cm長,汆燙約1分鐘後瀝乾水分。

2　倒油至平底鍋內以中火熱鍋,把紅蘿蔔、瀝乾水分的牛蒡和蓮藕翻炒約3分鐘。加入青椒再翻炒約2分鐘。

3　加入蒟蒻絲和A煮滾,轉超小火,把略小的鍋蓋放在食材上,燉煮約20分鐘把牛蒡和蓮藕煮軟。加入醬油和白芝麻後轉中火,邊收汁邊燉煮約2分鐘。

可做成常備菜！
冷凍可放2週

用保鮮膜包覆,放入保鮮袋內冷凍保存。要吃時用微波爐加熱即可。

教學示範看這裡

西班牙風蛋包 蛋 乳製品

光靠起司和火腿的鹹味，直接吃就很好吃。也可依喜好佐上番茄醬。

(材 料) （2個大人＋1個小孩的份量）

馬鈴薯（五月皇后）… 1/3顆（60g）
洋蔥… 1/4顆（50g）
菠菜… 1/4把（50g）
火腿… 2片
油… 2小匙
蛋液… 3顆的份量
A| 披薩用乳酪絲、牛奶…各2大匙
  | 鹽、胡椒…各少許

(作 法)

1　馬鈴薯切成5mm寬的扇形，泡水約5分鐘。放入水中煮沸後再
　　煮約5分鐘煮軟，瀝乾水分。菠菜梗切成2cm寬，葉片以縱橫斜
　　各方向切成碎末。用熱水煮約2分鐘，直接放水中冷卻。洋蔥橫
　　向剖半，縱向切成5mm的薄片。火腿對半切開後再切成5mm的
　　寬度。

2　油倒入平底鍋內以中火熱鍋，洋蔥翻炒約2分鐘。轉小火再炒約
　　3分鐘，加入火腿再炒約1分鐘。

　　> 火腿和菠菜疊在一起會不好咬斷，先弄散後再加入。

3　關火，加入蛋液、馬鈴薯、擠乾水分的菠菜和A拌勻。倒入已
　　鋪好烘焙紙的耐熱容器（直徑約15cm）內，用已預熱至180℃
　　的烤箱烤約20分鐘（小烤箱烤約10分鐘，再蓋上鋁箔紙烤約20
　　分鐘）。

可做成常備菜！
冷藏可放3天
放入已清潔過的保存容器內，冷藏保存。

蔬菜煎蛋

大量的蔬菜和蛋混合在一塊，完全吃不到蔬菜的苦味，孩子可以大口大口吃下肚。

(材料)（2個大人＋1個小孩的份量）

蛋液⋯3顆的份量
豬絞肉⋯50g
洋蔥⋯1/3顆（60g）
紅蘿蔔⋯1/6條（30g）
青椒⋯1/2個（25g）
油⋯1又1/3小匙

A｜高湯⋯2大匙
　｜糖⋯1小匙多一點
　｜鹽⋯少許

(作 法)

1　洋蔥橫向剖半，縱向切成2mm的薄片。紅蘿蔔和青椒切成4cm長的細絲。

2　油倒入平底鍋內以中火熱鍋，把1倒入翻炒約3分鐘。轉小火再炒約4分鐘。加入絞肉，邊炒散邊炒至顏色變白為止。

3　關火，加入蛋液和A拌勻。倒入已鋪好烘焙紙的耐熱容器（約20cm×16cm）內，放入已預熱至180℃的烤箱烤約20分鐘（小烤箱烤約10分鐘，再蓋上鋁箔紙烤約20分鐘）。

烘烤前先翻炒過，蔬菜會變得較濕軟，也能消除苦味和嗆辣味。

可做成常備菜！

冷凍可放2週

用保鮮膜包覆，放入保鮮袋內冷凍保存。要吃時用微波爐加熱即可。

教學示範看這裡

涼拌芝麻菠菜鹿尾菜

有許多蔬菜、色彩鮮豔、芝麻香四溢的一道菜，即使清淡也很好吃。

(材 料) (2個大人＋1個小孩的份量)

菠菜…1/3把 (60g)
乾鹿尾菜…6g
豆芽菜…1/3包 (90g)
紅蘿蔔…1/5條 (40g)
白芝麻粒…1大匙
醬油…1/2小匙

A | 糖…1/2大匙
　 | 醬油…1小匙

可做成常備菜！

冷藏可放 **3** 天

放入已清潔過的保存
容器內，冷藏保存。

(作 法)

1 把鹿尾菜泡在水裡約10分鐘泡開，再用熱水煮約5分
鐘。瀝乾水分倒入鍋內，加入醬油攪拌，開中火煮至收
汁後，放涼。

2 紅蘿蔔切成4cm長的細絲。豆芽菜切成2cm長。菠菜梗
切成2cm寬，葉片以縱橫斜各方向切成碎末。

3 紅蘿蔔加入水中煮沸後，再煮約3分鐘。豆芽菜用熱水
煮約3分鐘。菠菜也用熱水煮約2分鐘，將全部的菜混
合在一起放水中冷卻。

4 起一小鍋倒入白芝麻後開中火，邊搖晃鍋身（或用木鏟
翻炒）邊乾炒約3分鐘。再用磨缽磨白芝麻。

> 芝麻粒再
> 次磨碎會
> 更香。

5 把**1**、擠乾水分的**3**和**4**，以及**A**倒入調理盆內拌勻。放
冷藏冷卻。

81

教學示範看這裡

滷鹿尾菜

先用麻油翻炒再燉煮,味道會更濃郁,讓孩子更易入口。

(材 料)（2個大人＋1個小孩的份量）

乾鹿尾菜…13g
紅蘿蔔…1/4條（50g）
炸豆皮…1/2片
荷蘭豆…7～8條
麻油…1小匙
A 高湯…180ml
  糖…2小匙
醬油…1/2大匙

(作 法)

1　鹿尾菜泡水約10分鐘泡開。紅蘿蔔切成4cm長的細絲。炸豆皮用熱水去油後,縱向切成4等分後再切成細絲。荷蘭豆去絲,切成3cm長的細絲,再用熱水煮約3分鐘,放水中冷卻。

2　麻油倒入鍋內以小火熱鍋,紅蘿蔔翻炒約2分鐘。加入瀝乾水分的鹿尾菜翻炒約1分鐘,再加入炸豆皮和A煮滾,以小火燉煮約15分鐘。

3　加入醬油後再煮約3分鐘。關火,加入瀝乾水分的荷蘭豆拌勻。

等關火後再加入荷蘭豆,可保持翠綠。

可做成常備菜!

冷凍可放2週

用保鮮膜包覆,放入保鮮袋內冷凍保存。要吃時用微波爐加熱即可。

教學示範看這裡

涼拌蘿蔔乾絲

這是一道大人小孩看到都會很高興的基本配菜。

(材 料)（2個大人＋1個小孩的份量）

蘿蔔乾絲⋯30g
炸豆皮⋯1/2片
紅蘿蔔⋯1/6條（30g）
油⋯2小匙
A 高湯⋯1又3/4杯
  糖⋯2/3小匙
  味醂⋯1/2小匙
醬油⋯1/2大匙

(作 法)

1　把蘿蔔乾絲泡水約10分鐘泡開，切成3cm長。紅蘿蔔切成4cm長的細絲。炸豆皮用熱水去油後，縱向切成4等分後再切成細絲。

2　倒油至鍋內以中火熱鍋，加入擠乾水分的蘿蔔乾絲、紅蘿蔔和炸豆皮翻炒約2分鐘。

3　加入A，把略小的蓋子放入，以小火燉煮約20分鐘。等蘿蔔乾絲煮軟後再加入醬油，再次把略小的蓋子蓋在食材上，再煮約10分鐘。直接放涼。

可做成常備菜！

冷凍可放2週

用保鮮膜包覆，放入保鮮袋內冷凍保存。要吃時用微波爐加熱即可。

教學示範看這裡

影片中以油漬鮭魚罐頭示範

蘿蔔乾絲美乃滋沙拉　　蛋　　乳製品

雖然大部分的人都認為蘿蔔乾絲應該要用滷的，其實也很適合拌上美乃滋做成沙拉。

（ 材 料 ）

(2個大人＋1個小孩的份量)

蘿蔔乾絲…25g
紅蘿蔔…1/6條（30g）
小黃瓜…1/2條（50g）
火腿…3片
A｜美乃滋…1又1/2大匙
　｜味噌…1小匙
　｜醬油…1小匙
白芝麻粒…1/2大匙

（ 作 法 ）

1　蘿蔔乾絲泡水約10分鐘泡開，切成3cm長。小黃瓜和紅蘿蔔切成4cm長的細絲。火腿對半切開後再切成5mm寬。

2　蘿蔔乾絲放入水中煮沸後，再煮約10分鐘。紅蘿蔔也放入水中煮沸後，再煮約3分鐘。小黃瓜和火腿則用熱水煮約1分鐘，把所有食材混在一起放水中冷卻。

3　起一小鍋倒入白芝麻後開中火，邊搖晃鍋身邊乾炒約3分鐘。再用磨缽磨白芝麻。

4　把已擠乾水分的**2**、**3**，以及混合好的**A**倒入調理盆內拌勻。放冷藏冷卻。

也可以用木鏟邊攪拌邊乾炒。

加入少量的醬油和白芝麻，蘿蔔乾絲和美乃滋更易拌勻。

蘿蔔乾絲芝麻沙拉

口感有嚼勁、味道又清爽的沙拉，當作咖哩飯的配菜十分對味。

(材料) （2個大人＋1個小孩的份量）

蘿蔔乾絲…25g
紅蘿蔔…1/6條（30g）
小黃瓜…1/2條（50g）
A 油…2小匙
　醋…1/2大匙
　醬油…1/2大匙
　糖…1小匙多一點
白芝麻粒…1/2大匙

(作 法)

1　把蘿蔔乾絲泡水約10分鐘泡開，切成3cm的
　長度。小黃瓜和紅蘿蔔切成4cm長的細絲。

2　蘿蔔乾絲放入水中煮沸後，再煮約10分鐘。
　紅蘿蔔也放入水中煮沸後，再煮約3分鐘。
　小黃瓜則是用熱水煮約1分鐘，把所有食材
　全混在一起，放水中冷卻。

3　起一小鍋倒入白芝麻後開中火，邊搖晃鍋身
　（或用木鏟翻炒）邊乾炒約3分鐘。把**A**倒
　入耐熱容器內調合好，微波加熱約40秒。

> 也可以用木鏟邊攪拌邊乾炒。

4　把擠乾水分的**2**和白芝麻倒入調理盆內，再
　加入**A**拌勻。放冷藏冷卻。

暖呼呼的湯品

把蔬菜燉煮到軟嫩的濃湯和味噌湯，好吃又營養滿點！
請務必加進每天的菜單裡喔！

可做成常備菜！

冷藏可放**3**天
（只有肉醬）

按照步驟**3**的作法製作濃湯醬，加入調合好的**A**和鹽，以小火邊攪拌邊煮至結塊。放涼後，用保鮮膜包覆，放入保鮮袋內冷凍保存。要吃時按照步驟做到步驟**2**，濃湯醬不須解凍，直接加入適量的濃湯醬，以小火一邊攪拌一邊煮出濃稠度。

奶油蔬菜濃湯 乳製品 小麥

寒冷的日子來碗蔬菜濃湯，不僅能補充營養，還能暖和身體。可以配麵包一起吃喔！

(材料) (2個大人＋1個小孩的份量)

紅蘿蔔…1/5條 (40g)
洋蔥…1/3顆 (60g)
馬鈴薯 (五月皇后) …2/3顆 (100g)
玉米粒罐頭…40g
雞腿肉…70g
油…1/2大匙
水…2杯

雞湯粉…2/3小匙
無鹽奶油…30g
麵粉…3又1/3大匙
A| 溫水…80ml
　| 脫脂奶粉…3大匙
鹽…一小撮
洋香菜葉…少許

(作法)

1 紅蘿蔔切成1cm寬的小三角形。洋蔥橫向剖半，縱向切成5mm寬的薄片。馬鈴薯切成2cm寬的扇形，泡水5分鐘。玉米粒瀝乾水分。雞肉切成1.5mm的塊狀。

2 倒油至鍋內以小火熱鍋，紅蘿蔔和洋蔥翻炒約8分鐘。加入雞肉炒至顏色變白後，加入瀝乾水分的馬鈴薯，翻炒約2分鐘。加水以大火煮滾，撈出浮沫後，加入玉米和雞湯粉以小火燉煮約15分鐘。

3 製作濃湯醬。奶油放入平底鍋內以小火加熱，融化後關火。撒進麵粉再開小火，翻炒約3分鐘，等泡泡變小後關火。

4 步驟2關火後，把調合好的**A**、鹽和**3**加入，小心別弄碎馬鈴薯，從鍋底把食材翻攪上來，以超小火煮約3分鐘。盛盤後，撒上洋香菜葉。

如果湯變得太稠，可加水調整濃稠度。

豬肉蔬菜味噌湯

料多豐富像主菜的湯品。先炒過再燉煮,味道會更香醇。

(材料)

(2個大人＋1個小孩的份量)

紅蘿蔔…1/5條 (40g)
白蘿蔔…2.5cm (60g)
牛蒡…1/6根 (20g)
豬腿肉薄片…40g
日本大蔥…1/4根 (30g)
芋頭…小的2顆 (80g)
蒟蒻…30g
板豆腐…60g
油…1/2大匙
高湯…3杯
味噌…1又1/3大匙

可做成常備菜!

冷藏可放3天

放入已清潔過的保存
容器內,冷藏保存。

(作法)

1　紅蘿蔔和白蘿蔔切成5mm寬的小三角形。牛蒡縱向剖半
後再切成長3cm寬2mm的斜切薄片,泡水5分鐘。大蔥
切成適口大小。芋頭切成1.5cm寬的大扇形,泡水5分
鐘,放入水中煮沸後再煮約2分鐘,直接放水中冷卻。

2　蒟蒻把厚度剖半,再縱向切成4等分後切成2mm的寬
度,汆燙1分鐘後瀝乾水分。豆腐切成1.5cm的塊狀。豬
肉切成1~2cm的寬度。

3　倒油至鍋內以中火熱鍋,加入紅蘿蔔、白蘿蔔和瀝乾水
分的牛蒡翻炒約2分鐘。加入豬肉翻炒至顏色變白後,
倒入高湯煮滾,撈起浮沫,轉小火燉煮約15分鐘。

4　加入大蔥、瀝乾水分的芋頭和蒟蒻,溶入味噌,用小火
燉煮約10分鐘。加入豆腐後再煮約5分鐘。

為了讓味噌的
風味滲入蔬菜
裡,趁早把味
噌溶進湯裡會
更快入味。

高麗菜玉米味噌湯

味噌和玉米超對味！
吃得到蔬菜鮮甜的味噌湯。

（ 材 料 ）

高麗菜…2片（90g）
玉米粒罐頭…50g
高湯…3杯
味噌…1大匙

（ 作 法 ）

1　高麗菜切成1cm的四方形。玉米粒瀝
　　乾水分。

2　高湯倒入鍋內煮滾，加入**1**用小火燉
　　煮約20分鐘。溶入味噌。

紅蘿蔔蛋花湯　　蛋

把日本大蔥煮軟，會帶出蔥的甜味。
製作的重點在湯最後一次煮滾再加入蛋液。

（ 材 料 ）

紅蘿蔔…1/4條（50g）	**A**	醬油…1/2小匙
日本大蔥…1/6根（20g）		鹽…1/3小匙
蛋液…1顆的份量	**B**	水…2小匙
高湯…3杯		太白粉…1/2大匙

（ 作 法 ）

1　紅蘿蔔切成4cm長的細絲，大蔥切成適口大小。

2　把高湯和紅蘿蔔倒入鍋內煮滾，加入大蔥，用小
　　火燉煮約20分鐘。加入**A**後關火，把調合好的**B**
　　倒入煮出濃稠度。

3　用大火煮滾，一邊攪拌一邊慢慢以繞圈的方式倒
　　入蛋液。用小火煮約30秒，直到煮出漂亮的散
　　蛋花。

玉米濃湯 蛋 乳製品

充滿了玉米和洋蔥的甜味，即使稍微涼掉也有適當的濃稠度。

等關火後再撒入麵粉，讓麵粉均勻裹上洋蔥，麵粉不結塊，湯才會滑順。

〔材料〕（2個大人＋1個小孩的份量）

洋蔥⋯1/3顆（60g）
無鹽奶油⋯15g
麵粉⋯2大匙
水⋯2又1/2杯
雞湯粉⋯2/3小匙
玉米醬罐頭⋯120g
A｜溫水⋯2又1/2大匙
　｜脫脂奶粉⋯2又1/3大匙
B｜鹽⋯1/3小匙
　｜胡椒⋯少許
洋香菜葉⋯少許

〔作法〕

1　洋蔥橫向剖半，縱向切成2mm寬的薄片。

2　奶油放入鍋內以小火加熱融化，倒入**1**翻炒約7分鐘。關火，撒進麵粉後翻拌，直到看不見麵粉後再開小火，邊攪拌，邊分2次把水倒入，充分混合。

3　加入雞湯粉和玉米粒，不時從鍋底往上撈拌，以小火燉煮約15分鐘。關火，把混合好的**A**和**B**加入。再不時從鍋底往上撈拌，以小火煮約3分鐘。盛盤後，撒上洋香菜葉。

可做成常備菜！

冷藏可放**3**天

放入已清潔過的保存容器內，冷藏保存。

蔬菜燉湯 　蛋　乳製品

蔬菜切得太大塊不僅不好咬，還會給孩子壓力。切小塊一點，讓孩子更好入口吧。

(材 料) (2個大人＋1個小孩的份量)

馬鈴薯 (五月皇后) …1顆 (120g)　　油…1小匙
紅蘿蔔…1/5條 (40g)　　　　　　A 水…480ml
洋蔥…1/3顆 (60g)　　　　　　　　雞湯粉…2/3小匙
高麗菜…小的2片 (80g)　　　　　鹽…一小撮
玉米粒罐頭…20g　　　　　　　　胡椒…少許
培根…1又1/2片

可以用熱狗取代培根入菜。熱狗薄膜不好咬斷，記得要切小塊一點。

(作 法)

1　馬鈴薯切成1.5cm寬的扇形，泡水約5分鐘。紅蘿蔔切成5mm寬的小三角形。洋蔥橫向剖半，縱向切成5mm寬的薄片。高麗菜切成2cm的四方形。培根切成5mm的寬度。玉米瀝乾水分。

2　倒油至鍋內以中火熱鍋，加入紅蘿蔔和洋蔥翻炒。再加入培根、瀝乾水分的馬鈴薯和高麗菜，把培根炒散均勻遍布在其他蔬菜上，翻炒約2分鐘。

3　加入**A**開大火煮滾，倒入玉米粒，轉小火燉煮約15分鐘。加入鹽、胡椒調味，再煮約1分鐘。

可做成常備菜！

冷藏可放3天

放入已清潔過的保存容器內，冷藏保存。

餛飩湯 小麥

不用包成餛飩，所以非常簡單！切成小塊的軟綿綿餛飩，滑溜的口感令人覺得新奇。

(材料) (2個大人＋1個小孩的份量)

小松菜…1/6把 (50g)
日本大蔥…1/5根 (30g)
豬絞肉…40g
餛飩皮…6片
A 水…3杯
　　雞骨湯粉…1小匙
B 胡椒…2/3小匙
　　鹽…少許

可做成常備菜！

冷藏可放3天

放入已清潔過的保存容器內，冷藏保存。

(作法)

1 把小松菜梗切成2cm寬，葉片以縱橫斜各方向切成碎末。用熱水氽燙約5分鐘後瀝乾水分，放涼後擠乾水分。大蔥切成適口大小，餛飩皮對半切開，再切成1cm的寬度。

2 把**A**倒入鍋內煮滾，加入大蔥以小火煮約7分鐘。依序加入絞肉和餛飩皮，每加一片就稍微攪拌一下。加入**B**，再煮約3分鐘。最後加入小松菜再煮一會兒。

為了預防孩子噎到餛飩皮，記得要切小片一點。

餛飩皮煮愈久，會漸漸吸飽湯汁，所以要吃前再放下去煮即可。

把餛飩皮一次全放下去會沾黏，務必一片一片慢慢放。

3章

飯、麵麵包的主食

滿滿的料和配菜融為一體的主食食譜，

深受孩子們喜愛。即使是食量小的孩子也能吃很多。

沒有時間時可迅速上桌的丼飯、可當點心的吐司創意料理等，

這章節會向各位介紹在托兒所特別受歡迎的食譜。

教學示範看這裡

1位 咖哩飯 乳製品 小麥

使用孩子能輕鬆入口的黃色咖哩，能做出滑順入口的濃稠度。

（材料） （好做的份量）

紅蘿蔔…1/3條（60g）
洋蔥…1/2顆（120g）
馬鈴薯（五月皇后）…1
顆（180g）
豬腿肉薄片…120g
油…1/2大匙
水…3杯

A 中濃醬…2/3大匙
番茄醬…1/2大匙
雞湯粉…1/2小匙
鹽…1/2小匙
B 溫水…4大匙
脫脂奶粉…1大匙多一點
麵粉…3大匙少一點
無鹽奶油…25g
哩粉…1/2小匙
溫白飯…2合的份量（約300g）

> 給孩子吃的咖哩醬，加入脫脂奶粉中和掉辣味，使咖哩變得更溫潤。

（作法）

1 紅蘿蔔切成5mm寬的小三角形。洋蔥橫向剖半，再切成5mm寬的薄片。馬鈴薯切成2cm寬的扇形，泡水約5分鐘。豬肉切成1～2cm的寬度。

2 倒油入鍋以小火熱鍋，翻炒紅蘿蔔和洋蔥約15分鐘。加入豬肉一塊翻炒，直到顏色變白後，加入瀝乾水分的馬鈴薯，再翻炒約2分鐘。

3 加水開大火煮滾，中途一邊撈起浮沫，一邊以小火燉煮約10分鐘。加入A再燉煮約15分鐘。

4 製作咖哩醬。奶油放入平底鍋內以小火熱鍋，奶油融化後關火。撒入麵粉後再開小火，翻炒約4分鐘，等泡泡變小後關火，加入咖哩粉拌勻。

5 把3的火關掉，加入調合好的B、4，小心別弄碎馬鈴薯，從鍋底把食材翻攪上來，以超小火煮約5分鐘。淋在已盛好飯的容器內。

◀POINT

要確實翻炒至麵粉不黏鍋，氣泡變小後再關火。

可做成常備菜！
冷凍可放2週
（只有咖哩醬）

按照步驟4做好咖哩醬，加入A和調合好的B，開小火攪拌煮至結塊。放涼後，用保鮮膜包覆，放入保鮮袋內冷凍保存。要吃時，按照作法做到步驟3（不須再加A），咖哩醬不須解凍，加入適量的咖哩醬，以小火煮至適當的濃稠度。

教學示範看這裡

第2位 湯麵 （小麥）

特地做得清淡一點，也可當作湯品喔！即使把湯喝完，也不會攝取過多的鹽份。

〔 材 料 〕（2個大人＋1個小孩的份量）

生油麵…300g
乾海帶芽…1/2大匙
叉燒或火腿（市售）…80g
玉米粒罐頭…45g
日本大蔥…1/2根（60g）

A｜ 水…4又1/2杯
　　醬油…1大匙
　　雞骨湯粉…1/2大匙
　　鹽…少許

〔 作 法 〕

1　海帶芽泡水3分鐘泡開，稍微切碎。用熱水煮約5分鐘，放水中冷卻。叉燒切成5mm的塊狀，直接放入平底鍋內不須加油以小火翻炒約3分鐘。

2　玉米瀝乾水分。大蔥切成適口大小。

3　把A和大蔥倒入鍋內煮滾，以小火煮約10分鐘直到蔥煮軟為止。

4　用刀在生油麵的外袋上切出十字。煮麵時間比包裝袋上標示的時間再多煮2分鐘，再用流水沖洗。瀝乾水分後盛裝，把2倒入，上面再擺上擠乾水分的海帶芽、叉燒和玉米粒。

為了讓麵更好入口，先在外袋把麵分成4等分。麵煮好後再用開水沖洗，確實把鹽份洗掉。

 菠蘿麵包風吐司 蛋 乳製品 小麥

把做餅乾的麵糰擺在吐司上，就是簡易的菠蘿麵包風吐司。

(材料) (8片裝吐司2片的份量)

吐司（8片裝）…2片
無鹽奶油…10g
蛋液…1/4顆的份量
糖…2大匙
麵粉…3大匙

(作法)

1　奶油放入耐熱容器內蓋上保鮮膜，微波加熱約20秒讓奶油融化。倒入糖攪拌，再加入蛋液和已過篩的麵粉，充分拌勻。

2　把**1**塗抹在吐司上，用已預熱至200℃的烤箱烤約5分鐘（小烤箱也一樣烤約5分鐘）。

3　1～2歲幼兒食用時，把一片吐司切成6等分；3～5歲幼兒則是切成4等分，一盤擺上2～3片吐司。

可做成常備菜！

冷凍可放2週

尚未烘烤的狀態用保鮮膜包覆，放入保鮮袋內冷凍保存。要吃時不須解凍，直接用小烤箱烤7～8分鐘。

海帶芽炊飯

以海帶芽為主角的料理，建議選用偏厚的鹽藏海帶，可煮出風味豐富的美味炊飯。

(材料) (好做的份量)

米…2合 (約300g)
紅蘿蔔…1/4條 (50g)
油…1大匙
海帶芽 (鹽藏海帶) …20g
魩仔魚乾…30g
高湯…1/2杯
A| 糖、醬油…各1大匙

(作法)

1　洗好米放入電鍋內，加入適當的水量，靜置30分鐘以上。把1/3調合好的 A 倒入攪拌，開始煮飯。

2　紅蘿蔔切成4cm長的細絲。海帶芽以流水充分清洗，再泡水約2分鐘泡開，輕輕擠乾水分稍微切碎。魩仔魚用熱水煮約1分鐘後瀝乾水分。

3　倒油至平底鍋以小火熱鍋，倒入紅蘿蔔翻炒約2分鐘。加入高湯、剩下的 A、海帶芽和魩仔魚，煮約8分鐘。再開大火收汁。把這些食材倒入已煮好的 1，充分拌勻。

把調味料拌入米裡一起煮，味道會均勻滲透進米飯裡。

可做成常備菜！

冷凍可放2週

用保鮮膜包覆，放入保鮮袋內冷凍保存。要吃時用微波爐加熱即可。

香鬆飯糰

有大量鈣質又少鹽的香鬆，拌入飯裡讓孩子更易入口。

(材 料) (好做的份量)

溫白飯…2合的份量 (約300g)
生魩仔魚…20g
白芝麻粒…1大匙
麻油…1/2小匙 醬油…少許
A 海苔粉…1/2大匙
   柴魚片…1包 (2.5g)

(作 法)

1 麻油倒入平底鍋以小火熱鍋，把生魩仔魚和白芝麻翻炒約3分鐘。讓醬油均勻淋在食材上，再翻炒約1分鐘後關火，把A加入攪拌。

2 把1倒進溫白飯裡拌勻，把飯捏成適口大小。

可做成常備菜！

冷凍可放2週

每一球都個別用保鮮膜包覆，放入保鮮袋內冷凍保存。要吃時用微波爐加熱即可。

納豆黃瓜拌飯

加入蔬菜和海苔粉提升營養價值。口感和視覺方面也很豐富。

(材料) （好做的份量）

碎納豆 … 60g
紅蘿蔔 … 3cm（30g）
小黃瓜 … 1/5條（20g）
A｜ 海苔粉、胡椒 … 各1/2小匙
溫白飯 … 2合（約300g）的份量

(作法)

1　把紅蘿蔔和小黃瓜切成碎末。紅蘿蔔放入水中煮
　　沸後，再煮約3分鐘。小黃瓜用熱水汆燙約1分
　　鐘，和紅蘿蔔混合一起放水中冷卻。

2　把碎納豆和擠乾水分的 1、A 放入調理盆內拌
　　勻，淋在已盛裝好的白飯上。

可做成常備菜！

冷藏可放3天
（只有納豆配料）

放入已清潔過的
保存容器內，放
冷藏保存。

教學示範看這裡

豬肉燴飯 乳製品 小麥

充分加熱除了能帶出蔬菜的甜味，還能揮發酸味，做成更適合孩子的口味。

(材料)（好做的份量）

洋蔥 … 1顆（180g）
紅蘿蔔 … 1/2條（90g）
豬腿肉薄片 … 180g
油 … 2大匙少一點
無鹽奶油 … 20g
麵粉 … 4又1/3大匙
水 … 2又1/2杯
A｜ 番茄糊 … 4又2/3大匙
　　番茄醬 … 1又2/3大匙
　　伍斯特醬、糖 … 各1大匙
　　雞湯粉 … 1/2小匙
　　鹽 … 1/3小匙
溫白飯 … 2合的份量

(作法)

1　洋蔥橫向剖半，再縱向切成5mm寬的薄片。紅蘿蔔切成5mm寬的小三角形。豬肉切成1～2cm寬。

2　鍋內倒入油和奶油，以中火熱鍋，把洋蔥和紅蘿蔔翻炒約10分鐘。再轉小火翻炒約3分鐘，加入豬肉。轉中火翻炒至豬肉變白色為止。

3　關火，撒入麵粉拌勻。直到看不見麵粉後再開小火，分2次把水倒入，充分攪拌讓食材融合。

4　加入A，不時從鍋底往上撈拌以免食材燒焦，以小火燉煮約10分鐘。淋在已盛裝好的白飯上。

可做成常備菜！

冷凍可放2週
（只有醬汁）

請參考P87的奶油蔬菜濃湯的步驟3，用油、無鹽奶油和麵粉做出醬汁，再加入A，以小火邊攪拌邊煮至結塊。放涼後，用保鮮膜包覆，放入保鮮袋內冷凍保存。

要吃時按照作法做到步驟2（加入少許的油，但不加奶油），加水把蔬菜煮軟後，直接加入不須解凍的醬汁塊，以小火邊攪拌邊煮至適當的濃稠度。

雞肉炒飯

最後把酸味和水分炒到揮發掉，是做出雞肉炒飯好吃不濕黏的秘訣。

（ 材 料 ）（好做的份量）

米⋯2合（約300g）
紅蘿蔔⋯1/4條（50g）
洋蔥⋯3/4顆（150g）
玉米粒罐頭⋯100g
雞腿肉⋯150g
油⋯1大匙
A │ 番茄醬⋯3又1/3大匙
  │ 雞湯粉、鹽⋯各1/2小匙
胡椒⋯少許
青豆仁（冷凍）⋯3大匙

（ 作 法 ）

1　洗過米後放入電鍋並加入適量的水，靜置30分
　　鐘以上。把調合好的A倒入1/3拌勻，煮飯。

2　紅蘿蔔、洋蔥稍微切碎。雞肉切成1cm的塊狀。
　　玉米瀝乾水分。青豆仁用熱水煮約1分鐘，放水
　　中冷卻後，再瀝乾水分。

3　油倒入平底鍋內以中火熱鍋，紅蘿蔔和洋蔥翻炒
　　約5分鐘。轉小火再翻炒約5分鐘。加入雞肉和
　　玉米，翻炒約1分30秒～2分鐘直到雞肉的顏色
　　變白。加入剩下的A，以小火再煮約5分鐘。

4　把煮好的1、3和青豆仁一起拌勻。

將米和調味
料一同拌勻
煮熟，能讓
味道分布更
均勻

有時間的話，
可煮約10分
鐘讓味道更
濃醇。

可做成常備菜！

冷凍可放2週

用保鮮膜包覆，放入
保鮮袋內冷凍保存。
要吃時用微波爐加熱
即可。

教學示範看這裡

中華丼 蛋（鵪鶉）

托兒所在星期六人手不足時，很常做的一道簡單丼飯，也受到許多孩子的喜愛。

〔 材料 〕（好做的份量）

紅蘿蔔…1/4條（50g）
洋蔥…1/3顆（80g）
大白菜…大的1片（130g）
豬腿肉薄片…160g
鵪鶉蛋（水煮）…5顆
麻油…1又1/2大匙
水…1杯
A｜ 醬油…1大匙
　　糖…1/2大匙
　　薑汁…1/3小匙
　雞骨湯粉…少許
B｜ 水、太白粉…各1大匙
溫白飯…2合的份量

〔 作 法 〕

1　紅蘿蔔切成長4cm寬2mm的長條形。洋蔥橫向剖半，縱向切成5mm寬的薄片。大白菜切成長3cm寬1cm的大小，豬肉切成1～2cm的寬度。

2　麻油倒入平底鍋內以中火熱鍋，紅蘿蔔和洋蔥翻炒約5分鐘。加入豬肉轉小火，翻炒至顏色變白。加入大白菜後轉中火，翻炒約2分鐘把大白菜煮軟。

3　加水煮滾，加入鵪鶉蛋和A。以小火燉煮約15分鐘。關火，把調合好的B倒入調出濃稠度，開小火煮約1分鐘。把鵪鶉蛋切成4等分（預防噎到），淋在已盛盤的白飯上。

有時間的話，可煮約10分鐘讓味道更濃醇。

可做成常備菜！

冷凍可放2週
（只有醬汁）

除了鵪鶉蛋外，把醬汁用保鮮膜包起來，放入保鮮袋內冷凍保存。要吃時用微波爐加熱即可。

韓式拌飯

一盤就有滿滿的肉和菜！也很適合加入炒蛋和芝麻喔！

給1~2歲的幼兒食用時，蔬菜可再煮軟一點。

要吃時，把所有配料和白飯拌在一起，孩子會比較好入口。

（ 材料 ）（好做的份量）

〈肉燥〉

豬絞肉…180g

麻油…1/2大匙

A｜ 醬油…1小匙多一點
　　糖、蒜泥…各1/2小匙
　　味噌…1/3小匙

韓式拌菜

紅蘿蔔…1/2條（90g）

豆芽菜…2/3包（180g）

小松菜…2/3把（180g）

B｜ 麻油…1大匙
　　水…1小匙
　　雞骨湯粉…1/2小匙
　　鹽…一小撮

溫白飯…2合的份量

（ 作法 ）

1 紅蘿蔔切成4cm長的細絲。豆芽菜切成2cm長。小松菜梗切成2cm寬，葉片以縱橫斜各方向切成碎末。

2 紅蘿蔔放水裡煮沸後，再煮約3分鐘。豆芽菜用熱水汆燙約3分鐘。小松菜用熱水汆燙約2分鐘，再將所有食材混合在一塊放水中冷卻。

3 把B倒入耐熱容器內調合好，微波加熱約20秒後拌勻。

4 把擠乾水分的2倒入調理盆內，加入B拌勻。放冷藏冷卻。

5 麻油倒入平底鍋內以中火熱鍋，加入絞肉，再加入A翻炒約3~4分鐘，直到顏色變白。和4一起淋在已盛盤的白飯上。

可做成常備菜！

冷凍可放2週
（只有肉燥和韓式拌菜）

把肉燥和韓式拌菜個別用保鮮膜包覆，放入保鮮袋內冷凍保存。要吃時用微波爐解凍。韓式拌菜會出水，稍微把水分擠乾後再放在飯上。

教學示範看這裡

叉燒炒飯

孩子不喜歡吃炒得太乾爽的炒飯，為了讓孩子好入口，做成像拌飯般的炒飯吧！

（ 材 料 ）（好做的份量）

溫白飯…2合的份量
叉燒（市售）…150g
紅蘿蔔…1/4條（50g）
日本大蔥…4/5根（80g）
玉米粒罐頭…40g
油…1大匙
A 醬油…1/2小匙
　　鹽…一小撮
　　胡椒…少許

（ 作 法 ）

1　紅蘿蔔和大蔥切成碎末。叉燒切成5mm的塊狀。玉米瀝乾水分。

2　倒油至平底鍋以中火熱鍋，紅蘿蔔和大蔥翻炒約5分鐘。加入叉燒和玉米粒，以小火翻炒約8分鐘。

3　加入**A**，以小火翻炒約1分鐘後關火，加入白飯拌勻。

可做成常備菜！

冷凍可放2週

用保鮮膜包覆，放入保鮮袋內冷凍保存。要吃時用微波爐加熱即可。

教學示範看這裡

魩仔魚櫻花蝦炒飯 蛋 蝦

把偏硬的櫻花蝦切成碎末,會更易入口,也更能和白飯拌勻。

(材 料)（好做的份量）

溫白飯…2合的份量
魩仔魚乾…40g
櫻花蝦…2又2/3大匙
日本大蔥…1根（100g）
蛋液…2顆的份量
白芝麻粒…1大匙
油…1又1/2大匙
鹽、胡椒…各少許

(作 法)

1 把櫻花蝦和大蔥切成碎末。

2 倒油至平底鍋內以小火熱鍋,大蔥翻炒約3分鐘。加入櫻花蝦,再炒約3分鐘。加入魩仔魚、白芝麻、鹽和胡椒攪拌,再倒入蛋液,炒約3分鐘把蛋液炒散。

3 關火,加入白飯拌勻。

可做成常備菜!

冷凍可放2週

用保鮮膜包覆,放入保鮮袋內冷凍保存。要吃時用微波爐加熱即可。

炒麵 小麥

加入和麵同等份量的蔬菜，充分翻炒後會大幅減少體積，小孩可攝取大量的蔬菜。

(材 料)

（2個大人＋1個小孩的份量）

日式炒麵…3包
紅蘿蔔…1/3條（60g）
高麗菜…4片（190g）
韭菜…1/2把（60g）
豆芽菜…1/2包（120g）
豬腿肉薄片…120g
油…1大匙
A| 中濃醬…4大匙
  鹽…1/3小匙
海苔粉…少許

(作 法)

1　紅蘿蔔切成4cm長的細絲，高麗菜切成長3cm寬1cm的長條形。韭菜和豆芽菜切成2cm的長度。豬肉切成1～2cm寬的大小。

2　用刀在炒麵的外袋上切出十字。放入篩網內，用水清洗並輕輕把麵弄散。

3　油倒入平底鍋內開中火熱鍋，紅蘿蔔和高麗菜翻炒約5分鐘，轉小火再炒約5分鐘。加入豬肉轉中火，翻炒至顏色變白。

4　加入韭菜和豆芽菜翻炒約8分鐘。加入麵條，再加入A，翻炒約3分鐘收汁。盛盤後，撒上海苔粉。

先用水洗過麵條並把麵條弄散，不僅之後好攪拌，翻炒時也不用再加水。

可做成常備菜！

冷凍可放2週

用保鮮膜包覆，放入保鮮袋內冷凍保存。要吃時用微波爐加熱即可。

教學示範看這裡

拿坡里義大利麵 　蛋　乳製品　小麥

大人小孩都愛的番茄醬口味。充分翻炒蔬菜帶出甜味吧！

〔材料〕

(2個大人＋1個小孩的份量)

乾義大利麵…180g
紅蘿蔔…1/2條 (90g)
洋蔥…1/2顆 (90g)
青椒…3個 (100g)
火腿…6片　　油…1/2大匙
鹽…一小撮
胡椒…少許
番茄醬…3大匙

可做成常備菜！
冷凍可放2週

用保鮮膜包覆，放入保鮮袋內冷凍保存。要吃時用微波爐加熱即可。

〔作法〕

1　洋蔥橫向剖半，縱向切成2mm寬的薄片。紅蘿蔔和青椒切成4cm長的細絲。火腿對半切開再切成5mm的寬度。

2　倒油至平底鍋內開中火熱鍋，紅蘿蔔和洋蔥翻炒約2分鐘。加入青椒轉小火炒約8分鐘後，加入火腿，撒上鹽和胡椒，再炒約5分鐘。加入2大匙番茄醬，再炒約5分鐘。

3　煮沸一鍋熱水，將義大利麵折成3等分加入，水煮時間比包裝上所寫的再多3分鐘（不加鹽）。煮好後用濾網勺撈起，和剩下的番茄醬拌勻。再加入2拌勻。

稍微燉煮翻炒過的番茄醬，能把酸味揮發掉，變成即使清淡，也很香甜濃郁的味道。

義大利麵和少量的番茄醬攪拌，可以更入味。

可做成常備菜！

冷凍可放2週

用保鮮膜包覆，放入保
鮮袋內冷凍保存。要吃
時用微波爐加熱即可。

鴻禧菇培根義大利麵　蛋　乳製品　小麥

有菇又有培根，滿滿的鮮味和醬油十分對味。

（材料）

(2個大人＋1個小孩的份量)

乾義大利麵…180g
洋蔥…1/3顆 (80g)
培根…3又1/2片
鴻禧菇…1/2包 (40g)
金針菇…1/2包 (50g)
油…1大匙少一點
A 醬油…1/2小匙多一點
　鹽…1/3小匙少一點

（作法）

1　煮沸一鍋熱水，將義大利麵折成3等分加
　入，水煮時間比包裝上所寫的再多3分鐘
　（不加鹽）。煮好後用濾網勺撈起，淋上少
　許油（額外份量）拌勻。

2　洋蔥橫向剖半，縱向切成2mm寬的薄片。
　鴻禧菇切成1cm長，剝散，菇傘的部分稍微
　切碎。金針菇切成1cm的長度，剝散。培根
　切成5mm的寬度。

3　倒油至平底鍋內開小火熱鍋，洋蔥翻炒約
　10分鐘。加入培根和菇類再翻炒約7分鐘，
　加入A，再炒約1分鐘。加入的義大利麵拌
　勻。

孩子較難咬
斷的菇類和
培根，必須
充分炒軟。

教學示範看這裡

豆皮烏龍麵 （小麥）

把炸豆皮切細一點，讓孩子能輕鬆咬斷吧！

〔材料〕

（2個大人＋1個小孩的份量）

乾烏龍麵…200g
炸豆皮…1片
A｜高湯…3/4杯
　｜糖…1/2大匙
　｜醬油…1小匙少一點
紅蘿蔔…1/5條（40g）
日本大蔥…1/5根（20g）
菠菜…1/3把（80g）
高湯…4杯
B｜味醂、醬油…2小匙
　｜鹽…一小撮

〔作法〕

1 菠菜梗切成2cm寬，葉片以縱橫斜各方向切成碎末。用熱水汆燙約2分鐘，放水中冷卻後，再擠乾水分。紅蘿蔔切成4cm長的細絲，大蔥切成適口大小。炸豆皮用熱水去油後，縱向切成4等分再切成細絲。

2 把炸豆皮和A倒入鍋內煮滾，轉小火再燉煮約15分鐘。

3 另起一鍋，把高湯、紅蘿蔔和大蔥加入煮滾後，轉小火再燉煮約15分鐘。加入B再煮約3分鐘。

4 再另起一鍋煮沸熱水，將烏龍麵折成3等分加入，水煮時間比包裝上所寫的再多5分鐘。用開水洗淨後瀝乾水分。盛盤，淋上3，擺上2和菠菜。

披薩烤吐司 乳製品 小麥

在尚未烘烤的狀態下能先冷凍備用的吐司菜單。適合在忙碌的早晨食用。

(材料) (8片裝吐司2片的份量)

吐司（8片裝）…2片
洋蔥…1/6顆（30g）
青椒…1/3個（15g）
玉米粒罐頭…20g
油…1小匙
番茄醬…2小匙
披薩用乳酪絲…2又1/2大匙

(作法)

1 洋蔥橫向剖半，縱向切成1mm寬的薄片。青椒切成4cm長的細絲。玉米瀝乾水分。

2 倒油至平底鍋開小火熱鍋，洋蔥和青椒翻炒約7分鐘。關火，加入玉米攪拌。

3 把番茄醬抹在吐司上，依序將2和披薩用乳酪絲擺上去，用已預熱至200℃的烤箱烤約5分鐘（小烤箱也一樣烤約5分鐘）。

4 1～2歲幼兒食用時，把一片吐司切成6等分；3～5歲幼兒則是切成4等分，一盤擺上2～3片吐司。

用乳酪絲蓋住玉米，餡料不易掉落，會比較好食用。比起用起司片，還是建議用好咬斷的乳酪絲。

可做成常備菜！
冷凍可放2週

未烘烤的狀態用保鮮膜包覆，放入保鮮袋內冷凍保存。要吃時不須解凍，直接用小烤箱烤7～8分鐘。

玉米美乃滋烤吐司 蛋　乳製品　小麥

加了優格讓吐司更鬆軟。冷掉會變硬,要吃前再烘烤即可。

（ 材 料 ） (8片裝吐司2片的份量)

吐司 (8片裝) …2片
玉米粒罐頭…40g
洋蔥…1/10顆 (20g)
A 美乃滋…1又1/3大匙
　　原味優格 (無糖) …1小匙

（ 作 法 ）

1　洋蔥切成碎末。用熱水汆燙5分鐘,直接放水中
　　冷卻後,擠乾水分。玉米粒瀝乾水分。

2　把1和A倒入調理盆內攪拌,塗抹在吐司上,放入
　　已預熱至200℃的烤箱烤約7分鐘 (小烤箱也一樣
　　烤約7分鐘)。

3　1～2歲幼兒食用時,把一片吐司切成6等分;3～
　　5歲幼兒則是切成4等分,一盤擺上2～3片吐司。

可做成常備菜!

冷凍可放2週

未烘烤的狀態用保鮮膜包覆,放入保鮮袋內冷凍保存。要吃時不須解凍,直接用小烤箱烤7～8分鐘。

法式吐司 蛋 乳製品 小麥

用烤箱烘烤，不用翻面就能做好。因為有用到蛋，所以必須烤至內芯熟透。

(材 料) (8片裝吐司2片的份量)

吐司（8片裝）…2片
A｜ 牛奶…120ml
　｜ 蛋液…1顆的份量
　｜ 糖…1又1/2大匙
無鹽奶油…15g

(作 法)

1 把A倒入不鏽鋼方盤等容器內拌勻，吐司每面各浸泡30秒。

2 奶油放入耐熱容器內蓋上保鮮膜，微波加熱約20秒讓奶油融化。在已鋪好烘焙紙的烤盤上塗上融化的奶油，把1排列上去，放入已預熱至200℃的烤箱烤約10分鐘（小烤箱也一樣烤約10分鐘）。

3 1～2歲幼兒食用時，把一片吐司切成6等分；3～5歲幼兒則是切成4等分，一盤擺上2～3片吐司。

可做成常備菜！
冷凍可放2週

未烘烤的狀態用保鮮膜包覆，放入保鮮袋內冷凍保存。要吃時不須解凍，直接用小烤箱烤7～8分鐘。

黃豆粉炸麵包   蛋　乳製品　小麥

連同麵包底部白色的部分也炸得和表面一樣金黃，此時的狀態炸得剛剛好！

(材 料)（3個的份量）

奶油麵包卷⋯3個
油⋯適量
A 黃豆粉⋯1又1/2大匙
　　糖⋯1大匙多一點
　　鹽⋯少許

(作 法)

1 把A倒入調理盆內拌勻。

2 油加熱至高溫（180℃），放入麵包，炸1分鐘。
上下翻面，再炸1分鐘。

3 趁熱放入1的盆內，裹滿黃豆粉。

芝麻烤吐司

乳製品　小麥

拌一拌再抹一抹，非常簡單的料理。吐司如果不烤也很好吃。

(材料)（8片裝吐司2片的份量）

吐司（8片裝）…2片
白芝麻碎粒…1又1/3大匙
無鹽奶油…15g
糖…2小匙

(作法)

1　奶油放入耐熱容器內蓋上保鮮膜，微波加熱約20秒融化奶油。加入白芝麻碎粒和糖拌勻。

2　把1塗抹在吐司上，放入已預熱至200℃的烤箱烤約3分鐘（小烤箱也一樣烤約3分鐘）。

3　1～2歲幼兒食用時，把一片吐司切成6等分；3～5歲幼兒則是切成4等分，一盤擺上2～3片吐司。

可做成常備菜！

冷凍可放2週

未烘烤的狀態用保鮮膜包覆，放入保鮮袋內冷凍保存。要吃時不須解凍，直接用小烤箱烤3分鐘。

微 糖 點 心

點心對孩子而言也是攝取營養的來源之一。
有時間請務必嘗試挑戰手作甜點！

豆乳麻糬

比麻糬更容易咬斷，在托兒所也能安心食用的簡單點心。

(材 料)（2個大人＋1個小孩的份量）

A| 調製豆乳⋯3/4杯
　 糖⋯1又2/3小匙
　 太白粉⋯2又1/2大匙
B| 黃豆粉⋯1又1/3大匙
　 糖⋯1大匙

(作 法)

1　把A倒入鍋內攪拌，開小火，邊從鍋底往上撈拌邊加熱約1分鐘。此時食材會慢慢成形，再繼續攪拌加熱約1分鐘。

2　變成麻糬狀後，放入已用開水沾濕的方盤內，用橡皮刮刀把食材抹開成約1cm厚的平面（若沾黏在刮刀上不好抹開，可讓刮刀稍微沾點水）。放涼後，放冷藏約30分鐘冷卻。

3　把1/3混合好的B攤平在砧板上，放上2。再撒上約1/3的B，讓整體裹滿黃豆粉，再分切成2.5cm的四方形。盛盤後，撒上剩下的B。

豆乳凍 乳製品

彈嫩的奶凍和草莓醬非常對味！

(材料) (5個100ml杯子的份量)

吉利丁粉…7g
水…2大匙
糖…3大匙
A 調製豆乳…140ml
牛奶…110ml
鮮奶油…70ml
B 草莓果醬…2大匙
水…1又1/2大匙

(作法)

1 把A恢復成室溫。

2 水倒入鍋內，撒入吉利丁粉攪拌，溶化後開小火，邊攪拌邊加熱約1分鐘。待鍋緣冒出小氣泡後關火。趁熱加入糖攪拌，溶化後再加入1攪拌。

3 倒入杯裡，放冷藏約1小時以上冷卻凝固。

4 另起一小鍋倒入B煮滾，轉小火再煮約30秒後放涼。淋在3上面。

冰涼的狀態下和吉利丁混合，溫度會急速下降，要小心吉利丁會變硬。

把吉利丁煮沸會變得不好凝固，在快煮沸前就要先關火。

紅蘿蔔柳橙果凍 乳製品

討厭紅蘿蔔的孩子也會喜歡這道甜點！可以根據喜好隨意添加優格醬。

(材 料)（5個120ml杯子的份量）

紅蘿蔔…1/2條（100g）
柳橙汁（100%原汁）…300ml
吉利丁粉…13g
水…80ml
糖…3又1/3大匙
A 原味優格（無糖）…6又2/3大匙
　糖…1大匙

(作 法)

1 把果汁恢復成室溫。

2 紅蘿蔔切成2cm寬的圓片，放水中煮沸後，再煮10分鐘用濾網勺撈起。放涼後，用手持電動攪拌器或篩網等器具，把紅蘿蔔搗成泥狀。

3 水倒入鍋內，撒入吉利丁粉拌勻，溶化後開小火，邊攪拌邊加熱約1分鐘。待鍋緣冒出小氣泡後關火。趁熱加入糖攪拌，溶化後加入1和2拌勻。

4 倒入杯內，放冷藏1小時以上冷卻凝固。淋上已調合好的A。

葡萄乾蒸蛋糕 乳製品 小麥

不加蛋的蛋糕。麵粉也不須過篩的簡單點心。多做一點可冷凍備用。

(材料)（5個120ml杯子的份量）

葡萄乾…20g
A | 泡打粉…1小匙
　　 | 糖…3大匙少一點
牛奶…90ml
油…1又1/2大匙

(作法)

1　葡萄乾先泡熱水約3分鐘泡開，再稍
　 微切碎。

2　把**A**倒入調理盆，用打蛋器充分攪
　 拌。倒入牛奶，改用橡皮刮刀攪拌至
　 幾乎看不見麵粉後，加入**1**和油繼續
　 攪拌。倒入杯裡。

3　放入已煮沸的蒸籠裡，用大火蒸約
　 10分鐘。

把吉利丁煮
沸會變得不
好凝固，在
快煮沸前就
要先關火。

可做成常備菜！

冷凍可放2週

用保鮮膜包覆，放入保鮮
袋內冷凍保存。要吃時用
微波爐加熱即可。

雪球餅乾 乳製品 小麥

用太白粉取代杏仁粉製作的簡易版鬆軟餅乾。

（ 材料 ）（18顆直徑2～2.5cm的份量）

無鹽奶油…50g

A｜麵粉…50g
　｜太白粉…5又1/2大匙
　｜糖粉…2大匙

（ 作法 ）

1　A混合過篩。

2　奶油放入耐熱容器內並蓋上保鮮膜，微波加熱約
　　30～40秒融化奶油。加入1攪拌並拌成一團。

3　把2搓揉成18顆直徑約2～2.5cm的圓球，排列在
　　已鋪好烘焙紙的烤盤上。放入已預熱至180℃的烤
　　箱烤約15分鐘（小烤箱也一樣烤約15分鐘。中途
　　觀察一下狀況，若快烤焦，可蓋一下鋁箔紙）。

4　放涼後，整體撒上糖粉（份量外）。

可做成常備菜！

冷凍可放2週

用保鮮膜包覆，放入保
鮮袋內冷凍保存。要吃
時用微波爐加熱即可。

黃豆粉通心麵 小麥

在托兒所非常受歡迎的招牌點心。
吃起來有黃豆粉麻糬的感覺，深受大家喜愛。

（ 材料 ）（2個大人＋1個小孩的份量）

乾通心麵…45g

A｜黃豆粉…2又1/3大匙
　｜糖…1又1/3大匙
　｜鹽…少許

（ 作法 ）

1　起一鍋熱水煮沸，通心麵水煮時間比包裝上
　　所寫的再多3分鐘（不加鹽）。

2　把A倒入調理盆內拌勻，將煮好的通心麵瀝
　　乾水分，趁熱倒入攪拌。

3　盛盤後，把調理盆內剩餘的黃豆粉撒上去。

奶油地瓜燒 蛋 乳製品

加入多一點水分做出鬆軟濕潤的口感。脫脂奶粉的量可隨地瓜的軟硬度作調整。

(材 料) （5個的份量）

地瓜⋯1條（250g）　　A｜溫水⋯2又1/3大匙
無鹽奶油⋯5g　　　　　｜脫脂奶粉⋯2大匙
糖⋯1又1/3大匙　　　　蛋液⋯1/4顆的份量

(作 法)

1　地瓜削皮後，切成2cm寬的半圓形，泡水約5分
　鐘。放入水中煮沸後再煮約15分鐘，叉子能輕鬆
　叉入即可起鍋瀝乾水分。

2　把1倒入調理盆內，趁熱搗碎，加入奶油、糖和調
　合好的A攪拌。分成5等分，塑成圓筒形，放入鋁
　箔紙杯內，用湯匙在表面抹上蛋液。

3　放入已預熱至190℃的烤箱烤約20分鐘（小烤箱也
　一樣烤約20分鐘）。

可做成常備菜！

冷凍可放1週

用保鮮膜包覆，放入保
鮮袋內冷凍保存。要吃
時用微波爐加熱即可。

炸薯條

帶皮切成條狀可讓孩子練習咀嚼。
若是給 1 歲的幼兒，還是先削皮再炸比較妥當。

(材 料)　（2個大人＋1個小孩的份量）

馬鈴薯（五月皇后）⋯小的2個（250g）
油⋯適量　　　　鹽⋯少許

(作 法)

1　馬鈴薯帶皮切成8等分，泡水約10分
　鐘。瀝乾水分，一條一條擦乾水分。

2　油加熱至高溫（180℃），放入1油炸
　約3分鐘。用長筷等器具輕輕攪拌，再
　炸約4分鐘。起鍋後趁熱撒上鹽。

column

推薦市售食材

介紹一些常備在家會很方便的食材，
有能助於輕鬆調理的食材、還有可直接食用的食材。
全都是美味、營養價值又高，還可保存的好東西，可以買來試試看！

森永
脫脂奶粉

175g 378圓（含稅）
森永乳業

推薦重點

比牛奶低脂，又容易補充鈣
質，夾鍊袋包裝便於保存。
能在超市購入，份量大小剛剛
好，使用起來很方便。

飛魚旨高湯包
[無添加鹽、添加物]

8g×20包
1,620圓（含稅）
長田食品

推薦重點

選購市售無添加鹽的高湯粉
吧！這個高湯包是從烤飛魚、
柴魚片、昆布和小魚干萃取出
來的，接近一般高湯的味道，
很推薦購買喔！

宮崎縣產
蘿蔔乾絲
（已切絲）

100g 698圓（含稅）
藤和乾貨

推薦重點

無添加、無色素、天然曬太陽
製成的蘿蔔乾絲。一開始就已
切好大小，只要泡水泡開即
可，省去要切的時間。香氣十
足，鮮甜回甘。

鈣質餅乾

75g（37.5g×2包）

151圓（含稅）

calcuit

很適合當成點心。富含鈣和鐵的餅乾。孩子的點心是一天中的第四餐。所以儘量選購可補充營養素的點心吧！

鹽無添加小魚干

40g 267圓（含稅）

雅媽吉

很適合當成點心。能攝取鈣質，還很適合用來練習咀嚼。無添加鹽，直接水煮製成，食用時可以不用在意鹽份。夾鍊袋包裝便於保存。

糯麥芝麻米果

10片裝 237圓（含稅）

岩塚製菓

很適合當成點心。把糯麥、金芝麻和黑芝麻揉和後烘烤，少鹽又香脆的米果。芝麻的營養價值高，可以攝取鈣、鐵、維生素和礦物質。

櫪木縣產

紅春香地瓜乾

45g 260圓（含稅）

壯關

很適合當成點心。完全用地瓜製成，可品嘗天然的甜味，還能攝取膳食纖維。地瓜乾還裁切成孩子可輕易入口的條狀。

幼兒期要注意的食物列表

幼兒期的孩子能吃的東西會愈來愈多，但咀嚼力和消化器官正在發育，還有許多不能吃的東西要特別留意。請按照下列表格進行確認。

飯、麵包、麵

食品名	1歲半～2歲	3歲～5歲	
玄米	✕	△	需要時間消化吸收，要吃時必須煮軟一點，並給予少量食用。
紅豆飯	△	○	糯米很有嚼勁，必須用力咀嚼。加入一半和白米一起煮會較易入口。
麻糬	✕	△	有可能會卡在喉嚨裡，建議3歲後再食用。要撕成小塊狀再給孩子吃。
貝果	✕	△	麵糰很有嚼勁，等到臼齒長出來可以確實咬合食物後再給孩子吃。
蕎麥	△	○	有些孩子可能會產生過敏反應，先給少量食用並觀察孩子的狀況。
油麵	○	○	略帶嚼勁的麵條，煮軟一點再剪成適當的長度。

肉、魚、蛋、加工品類

食品名	1歲半～2歲	3歲～5歲	
火腿、香腸、培根	△	○	本身已含有鹽份，儘量使用少量。給1～2歲幼兒食用，要切成小塊狀。
生魚片	△	○	只要夠新鮮，夠軟嫩的話，3歲開始就能食用。
蝦、蟹	△	○	有些孩子可能會產生過敏反應，先給少量食用並觀察孩子的狀況。
貝類	△	○	避免生食，須充分加熱。貝類不易咬斷，給1～2歲幼兒食用，要切成碎末。
干貝	△	○	3歲前要儘量避免吃生食，須充分加熱。
章魚、花枝	△	○	章魚、花枝很有嚼勁，等到臼齒長出來、可以確實咬合食物後再給孩子吃。
魚卵（鮭魚卵、明太子）	△	△	鹽份和添加物很多，要吃儘量給予少量。
乾貨	△	△	鹽份很多，要吃儘量給予少量。
生蛋	✕	△	生食有細菌感染的可能，務必充分煮熟。等3歲後再開始生食。
炸豆皮	△	○	豆皮不易咬斷，給1～2歲幼兒食用，要切成碎末。烹煮前先用熱水汆燙去油。
魚板	△	○	切成薄片，孩子1歲半起即可食用。
竹輪	△	○	竹輪很有嚼勁，給1～2歲幼兒食用，要切成小塊狀。

蔬菜、海藻類

食品名	1歲半～2歲	3歲～5歲	
生菜	△	○	在臼齒尚未長出來前，無法磨碎蔬菜的纖維，必須煮軟再給孩子吃。
菇類	○	○	菇類有大量纖維不易咬斷，須切成碎末。

	1歲半～2歲	3歲～5歲	
薑	○	○	辛辣食物，少量加熱後可為料理增添風味與香氣。
大蒜	○	○	辛辣食物，少量加熱後可為料理增添風味與香氣。
小番茄	○ ※切り方注意	○	有可能會噎到，要切得比1/4還要小塊再食用。
竹筍	○	○	纖維很多，須加熱煮軟。
蒟蒻、蒟蒻絲	○ ※切り方注意	○	蒟蒻很有嚼勁，須切成碎末。
海帶芽	○ ※切り方注意	○	不易咬斷，須切成碎末。
調味海苔	△	△	鹽份和添加物很多，儘量使用一般的烤海苔。要食用時須切成碎末。
醃漬物	△	△	鹽份很多，要吃時切成碎末儘量給予少量。
堅果類	✕	✕	小心會造成食物過敏。也很容易卡在喉嚨，請儘量避免食用。

調味料

食品名	1歲半～2歲	3歲～5歲	
胡椒	△	△	辛辣食物，少量可為料理增添風味與香氣。
沙拉醬	△	○	鹽份和添加物很多，要吃儘量給予少量。儘量自製會比較安心。
醋	○	○	添加少量較不會過於刺激。加熱後會中和掉酸味比較容易入口。
味醂、酒	○	○	因含有酒精，少量添加。務必要加熱讓酒精揮發掉。
哇沙米、辣椒醬	✕	✕	辛辣食物，尤其是軟管包裝有許多添加物，請避免使用。
豆瓣醬	✕	✕	辛辣食物，請避免使用。
蜂蜜、黑糖	○	○	要擔心會引起「嬰兒肉毒桿菌」，未滿1歲不可食用。1歲半後可給予少量並觀察孩子的狀況。

飲料類

食品名	1歲半～2歲	3歲～5歲	
綠茶、烏龍茶	△	△	含咖啡因，要喝可加水稀釋給予少量飲用。
咖啡、紅茶	✕	△	含大量咖啡因，儘量避免飲用。
咖啡牛奶	✕	△	含微量咖啡因，糖份很多，儘量避免飲用。
可可	△	△	含微量咖啡因，可少量飲用。但市售的含糖量很多，請避免飲用。
乳酸菌飲料	△	△	雖然能攝取維生素和礦物質，但含糖量和乳脂肪含量偏多，須少量飲用。
碳酸飲料	✕	△	含糖份和咖啡因，且易有飽足感，儘量避免飲用。
果汁	△	△	含糖量高，要飲用請給予少量。

INDEX 使用食材分類索引

國家圖書館出版品預行編目(CIP)資料

如何從副食品邁向學齡：親子共享料理養出不挑食
的孩子/ AOI作. -- 初版. -- 臺北市：風和文創事業有
限公司, 2022.12
　面；　公分
譯自：子どもがパクパク食べる!魔法のおうちごは
ん：1 歲半～5 歲これ1冊でOK!
ISBN 978-626-96428-1-6(平裝)
1.CST: 育兒 2.CST: 食譜 3.CST: 婦幼食譜
428.3　　　　　　　　　111016128

如何從副食品邁向學齡
親子共享料理養出不挑食的孩子

作者	AOI
翻譯	李亞妮
總經理暨總編輯	李亦榛
特助	鄭澤琪
主編	張艾湘
美術主編暨視覺構成	古 杰
封面設計	楊雅屏
內文美術	何仙玲
出版公司	風和文創事業有限公司
	台北市大安區光復南路692巷24號1樓
	電話　02-27550888
	傳真　02-27007373
	Email　sh240@sweethometw.com
	網址　www.sweethometw.com.tw

台灣版SH美化家庭出版授權方
凌速姊妹（集團）有限公司

IESG
In Express-Sisters Group Limited

地址	香港九龍荔枝角長沙灣道883號
	億利工業中心3樓12-15室
董事總經理	梁中本
Email	cp.leung@iesg.com.hk
網址	www.iesg.com.hk

總經銷	聯合發行股份有限公司
地址	新北市新店區寶橋路
	235巷6弄6號2樓
電話	02-29178022
製版	彩峰造藝印象股份有限公司
印刷	勁詠印刷股份有限公司
裝訂	祥譽裝訂股份有限公司

定價	新台幣380 元
出版日期	2022年12月初版一刷

PRINTED IN TAIWAN 版權所有 翻印必究(有缺頁或破損請寄回本公司更換)